SANYA HOTELS Ⅰ

三亚酒店 1

刘光亚　朱　莉　张一平　主编

中国建筑工业出版社

图书在版编目（CIP）数据

三亚酒店 1/刘光亚，朱莉，张一平主编.—北京：中国建筑工业出版社，2009
ISBN 978-7-112-11506-8

Ⅰ. 三… Ⅱ.①刘…②朱…③张… Ⅲ.饭店—建筑设计—三亚市Ⅳ.TU247.4

中国版本图书馆CIP数据核字（2009） 第192245号

责任编辑：唐 旭 黄居正
责任设计：董建平
责任校对：赵 颖 陈晶晶

谨以此书献给中华人民共和国成立60周年

封面题词：叶如棠
顾　　问：王 勇
编委主任：李 瑜 杜丽银 李兴建
主　　编：刘光亚 朱 莉 张一平
编 委 会(按姓氏拼音排序)：戴云龙 黄志军 李晓光 刘常青 孟伟康 王泉 杨杰 张兵 赵成豪
编　　辑：张 莎
美术编辑：孙中帅
摄　　影：周晓东

SANYA HOTELS Ⅰ
三亚酒店1
刘光亚 朱 莉 张一平 主编
*
中国建筑工业出版社出版、发行（北京西郊百万庄）
各地新华书店、建筑书店经销
北京圣彩虹制版印刷技术有限公司制版
北京盛通印刷股份有限公司印刷
*
开本：880×1230毫米 1/16 印张：17 字数：544千字
2009年12月第一版 2009年12月第一次印刷
定价：178.00元
ISBN 978-7-112-11506-8
(18760)

序
INTRODUCTION

周畅
2009年8月

海南1988年建省，已有21年了。省政府明确将建设国际旅游岛作为未来主要发展方向。三亚作为海南旅游中最有亮点的城市，也面临着新的机遇和挑战。

高端现代化服务配套体系是国际旅游岛建设中十分重要的内容。以三亚为例，虽然酒店业起步较晚，但经过近年来的建设发展，已成为三亚城市旅游环境的重要组成部分，矗立在亚龙湾、大东海、三亚湾畔众多优美的酒店建筑构成了城市不可或缺的风景，三亚的酒店建筑更已形成了独特的滨海旅游度假酒店风格。

三亚酒店的地域性和国际性是显而易见的，从十几年前没有一个五星级酒店，到今天的喜达屋、万豪、希尔顿、洲际、温德姆、雅高等十多家国际知名酒店管理集团云集，让三亚成为一个中外知名饭店管理集团的小“联合国”。国际上主要知名品牌的酒店管理集团登陆三亚，不仅取得了不俗的业绩，也为三亚服务业带来了全球化的服务理念，提升了三亚酒店业的整体形象和管理水平。三亚酒店建筑设计的国际化，使越来越多国际建筑设计公司参与三亚酒店的设计，他们在兼容了不同地域、不同文化的同时，也使新酒店各种指标与国际标准和规范接轨，从而能满足来自不同国度、不同民族、不同文化、不同历史背景游客的居住习惯和精神享受。而与此同时，众酒店也呈现出风格迥异的建筑和装修风格，形成了三亚酒店多姿多彩的建筑特色。

在大量引入国际设计理念的基础上，三亚酒店建筑也具有十分独特的地方特色。近年来三亚大型酒店的大堂、客房（包括卫浴）、餐饮、SPA健身、园林景观等设计都不断推陈出新，充分利用了临海的海景资源优势，酒店大堂都采用开放空间，在装修设计手法上，由单一趋向多元，注重现代、简约和时尚，形式上去繁从简，材料上运用木质和海洋生物材料的搭配，让建筑整体风格与自然有机兼容。服务软件上也着重突出了海南的独有韵味，使酒店业成为传播三亚文化、展示三亚形象的窗口，旅客们进入酒店可以感受到滨海风光和与众不同的旅行体验。

酒店设计者运用三亚得天独厚的自然环境，营造出既节能又绿色环保的生态建筑。三亚很多酒店大堂一改内地酒店在高大的四季大厅采用空调恒温消耗大量能源的做法，合理利用当地气象条件，尽量摈弃空调，实现自然通风，在国内可谓独树一帜。同样，在节约用水、节能减排、太阳能和风能等新能源利用、垃圾和污水处理、绿色餐饮和绿色管理中不断采用新技术、新材料、新方法，为旅客提供了真正环保、健康、安全的旅游环境，也成为三亚酒店的重要特色之一。

随着三亚知名度、美誉度的不断提升，三亚的游客越来越多，淡旺季的交替不再明显。因此而催生出的各种产权式酒店、经济型酒店、家庭旅馆也应运而生，不少酒店以个性化服务取胜，物美价廉，深受年轻消费者和家庭出游型消费者的欢迎，成为三亚酒店业不可缺少的组成部分。

建设国际旅游岛将成为海南旅游可持续发展的基础和方向，而海南酒店业将具有更好的发展前景。海南政府为进一步提升海南酒店管理水平，向规模化、品牌化和国际化方向发展，将在2013年前再引进20家著名国际酒店管理集团，使五星级国际水准的度假型酒店达到60家以上。此书的出版发行，将总结三亚近年来酒店建筑中的特色，对三亚乃至整个海南未来酒店业的发展都提供了有益的帮助。

前言
PREFACE

朱莉
2009年8月

素有"东方夏威夷"之称的海南省三亚市，是位于我国最南端的一座国际热带海滨风景旅游城市。与普通城市的最大不同，三亚市城市的主要功能（旅游度假功能）主要不是由主城区承担，而是分布在长达数十公里的滨海带区域内，滨海区域承担了包括各种文化旅游设施、旅游宾馆、旅游购物区、地方民族风土人情园区和服务设施等营造旅游的环境职能。包括海棠湾、亚龙湾、天涯海角、鹿回头和崖州古城等景区和名胜在内的国家级热带海滨风景，以及独具特色的热带植物景观和曲折多变的海岸线，构成了三亚市绮丽的热带海滨风光，因此而云集了全国最多、最集中的五星级及超五星级酒店。得益于海水的休闲功能和独具特色的热带自然风光，三亚各具特色的高星级度假酒店，注重环境生态的保护，强调地方气候特点的同时，还考虑满足更多的旅游兴趣的感性设计建筑，名副其实成为既具备视觉美景享受，又提供消遣的各具特色的最佳休闲度假胜地。

一、三亚的海滨度假酒店，主要分为两大类：

目标度假酒店

自然风光是首要吸引要素，一线海景依托白沙碧海的优质景观资源，营造出浪漫、休闲的度假氛围。如三亚亚龙湾金茂丽思卡尔顿酒店，其特色有：海景私家海滩，450间设施完善的豪华客房，其中包括334间面积超过60平方米的精致客房，66间位于行政楼层的特色客房和套房，17间风格迥异的观景套房以及33座带有独立泳池、享有私密空间的私家别墅。酒店设有以"食享"为主基调的八个餐厅酒廊，以及占地约3000平方米的亚洲区最大水疗中心。水疗中心由世界著名SPA顾问公司ESPA设计管理，提供顶级SPA理疗及美容护理服务。会议区域提供最现代化的会务设施和最灵活便捷的会务服务，其中包括近1000平方米大宴会厅，九个会议室和一个商务中心以满足不同类型会务需求。全市唯一的室外海景婚礼礼堂，以优美的南中国海为背景，为新人们见证终生难忘的幸福时刻。

主题度假酒店

大多位于二线腹地内，虽无核心环境景观资源（沙滩和大海），但酒店设施独特，建筑品质和酒店等级高端，可提供周边度假酒店无法体验的经历，吸引几类特定类型的旅行者。如亚龙湾铂尔曼酒店，建筑风格为东南亚特色（泰国、缅甸、南洋三种不同风格），产品主要针对家庭和需要私密环境的客户；借助外部环境景观作为支撑（农田和红树林以及临近海滩），以低层为主，较低的容积率、建筑密度和建筑高度，保证了观赏远山和近处开敞空间的视线畅通，使度假者更加亲近自然；而且游泳池的位置和景致为房间和餐馆增加了趣味。同时，基于二线酒店先天劣势和市场需求考虑，为了既保证品质又能扩大市场受众降低市场风险，此类酒店还需通过加大投入营造差异化的主题来针对细分市场，在经营模式上也与一线酒店有所分别。如亚龙湾五号，采用的是产权度假酒店方式。

二、三亚的度假酒店，注重了以下几个原则：

强调自然资源、文化内涵与度假体验的完美结合。

强调度假区品牌（如亚龙湾国家旅游度假区）的核心竞争力与高端度假休闲氛围的成功塑造。

寻求自身风格差异的同时，形成诸如建筑高度、形式、色彩等方面的共性原则，以谋求形成度假区整体视觉效果与原生自然景观风貌的和谐统一。

注重了从技术生态、景观生态和文化生态三个层面，以降低建筑建造与运作能耗、改善局部小气候与延续地方原生文化的尝试。

三、三亚海滨度假酒店，主要体现了几大特点：

自然环境保护与道路交通

建筑及公共设施在尺度、形式方面与自然景观相协调，充分利用环境因素；注重对沙坝、现有植被和红树林的生态保护，强调环境亲和性。宜人的气候条件、原真的地物地貌、多样的动植物所带来的舒适的自然环境，是度假区和度假酒店环境亲和性的基础，与之一体化的现代化、便捷舒适的人工设施与服务，则将环境的亲和性升华，为游客提供了一个舒适宜人的人文度假环境。

小范围造景尽量采用当地天然材料，以免破坏自然环境和生态系统。

道路的平面线形在保证交通顺畅的基础上，充分考虑自然地形与环境景观，增加道路的趣味性；塑造滨海林间小道的特有氛围。

规划与建筑设计

建筑物与自然景观融为一体并与趣味焦点相连；最大化的海景客房数量；适合度假或会议需求的客房，配套的衣柜和行李储藏柜较大，配有观景的阳台或庭院；强调面海一侧建筑的外向性及开放性；敞厅敞廊以及坡屋顶等元素的普遍运用，强化了热带建筑特征；充分考虑到建筑各个方向的形态、立面与自然的协调；建筑尽量采用原始砖石材料或高档涂料、面砖等外装修材料，色彩尽量保持建筑材料的原有颜色。各具特色、能直接观海的大堂，承担了提供信息、集合和放松的中心功能并形成强烈视觉冲击。

客房房间大多在300～400个，提供设施齐全的就餐区、休息厅和休闲设施，乃至完备的专用设施包括沙滩、特色餐馆、康体设施以及高尔夫球场。除了开发高端客房，还包括为长期停留的客人或家庭旅游者提高可选择的行政套房、私人别墅或别墅类型的辅助性住宿设施。

环境景观塑造

强化内部庭院景观与周边环境的融合，运用开放式的环境设计，将外部良好的视觉环境引入内部。室内外小品细腻、独特和充满趣味；景观视线的组织，以一系列具有特殊且具序列感的空间引导，将游人从建筑、林荫引至海滨。

文化特色体现

在保持原生本土文化（主要为黎族、苗族文化）的基础上，体现对外来文化的接纳和包容，强调健康度假的氛围；在建筑装饰、景观塑造、标志标示、公共艺术等方面利用了传统手工艺进行设计创作。标志标示具有个性，酒店大多有专有的标示系统。

本丛书通过三亚主要度假酒店的建筑、大堂、餐厅、客房和园艺等图片简要展示了三亚度假酒店风格和特点。事实上，酒店规划设计是在进行市场调研、可行性研究、投资分析、确定经营管理模式等一系列前期工作基础上深化出主题和特色理念，并通过总体布局及功能分区规划设计、建筑设计、室内设计、机电及设备系统设计、标识设计、评星设计不断进行优化，最终形成旷世之作。

综观三亚酒店的发展，离不开酒店投资者的勇气和谋略，也展现了国内外设计师的智慧和才艺。在这里我要由衷感谢参与三亚酒店建设的投资者、设计师、建设者，感谢为本书出版提供帮助的酒店和所有朋友。

由于时间、条件和篇幅限制，书中没有收录酒店不同功能用房的图片，是为憾。

CONTENTES
目录

Grand Soluxe Hotel and Resort Sanya

三亚阳光大酒店

The Grand Soluxe Hotel and Resort Sanya is positioned at Sanya Bay Road in the wonderful city of Sanya with easy access from different modes of transportation. The hotel is a five-star hotel managed by Soluxe Hotel Group, and is ideally located to rendezvous for leisure, business or both. The main building of the hotel is novel in design and unique in shape, ranking the highest of all the hotels around Sanya Bay.

三亚阳光大酒店坐落于享有"椰梦长廊"盛名的三亚湾，拥有便利的交通条件，是集商务、休闲、娱乐于一体的五星级度假酒店。酒店主楼设计新颖，造型别致，就高度而言，是三亚湾酒店之最。

Economic and Technical Indicators:

Total site area: 24513.58m²
Total floor space: 30980m²
Capacity rate: 1.10
Vegetation rate: 56%
Building density: 16%
The number of rooms: 312
Parking space: 63

主要经济技术指标：

总用地面积：24513.58m²
总建筑面积：30980m²
容积率：1.10
绿化率：56%
建筑密度：16%
客房总数：312间
停车位：63个

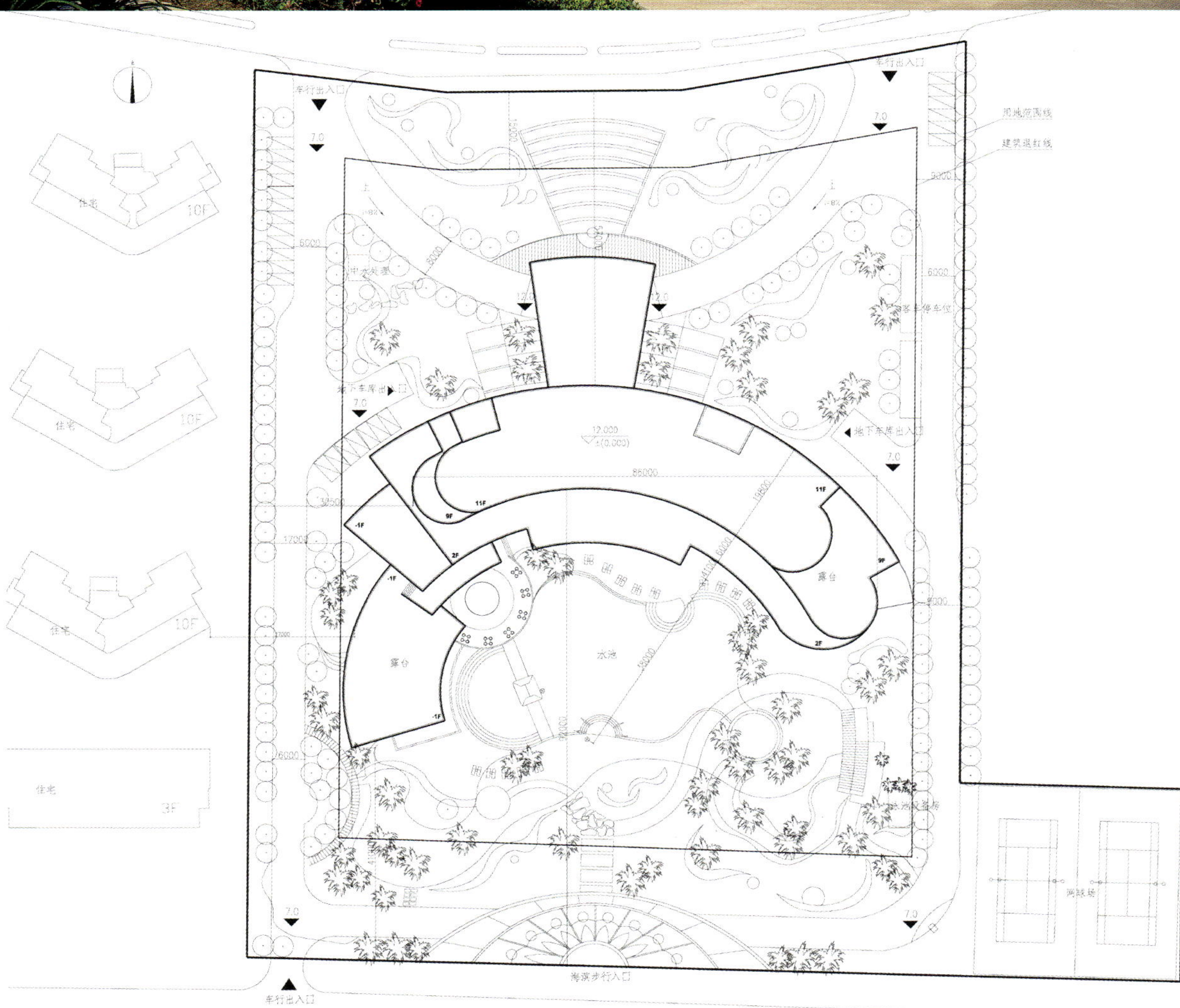

总平面图

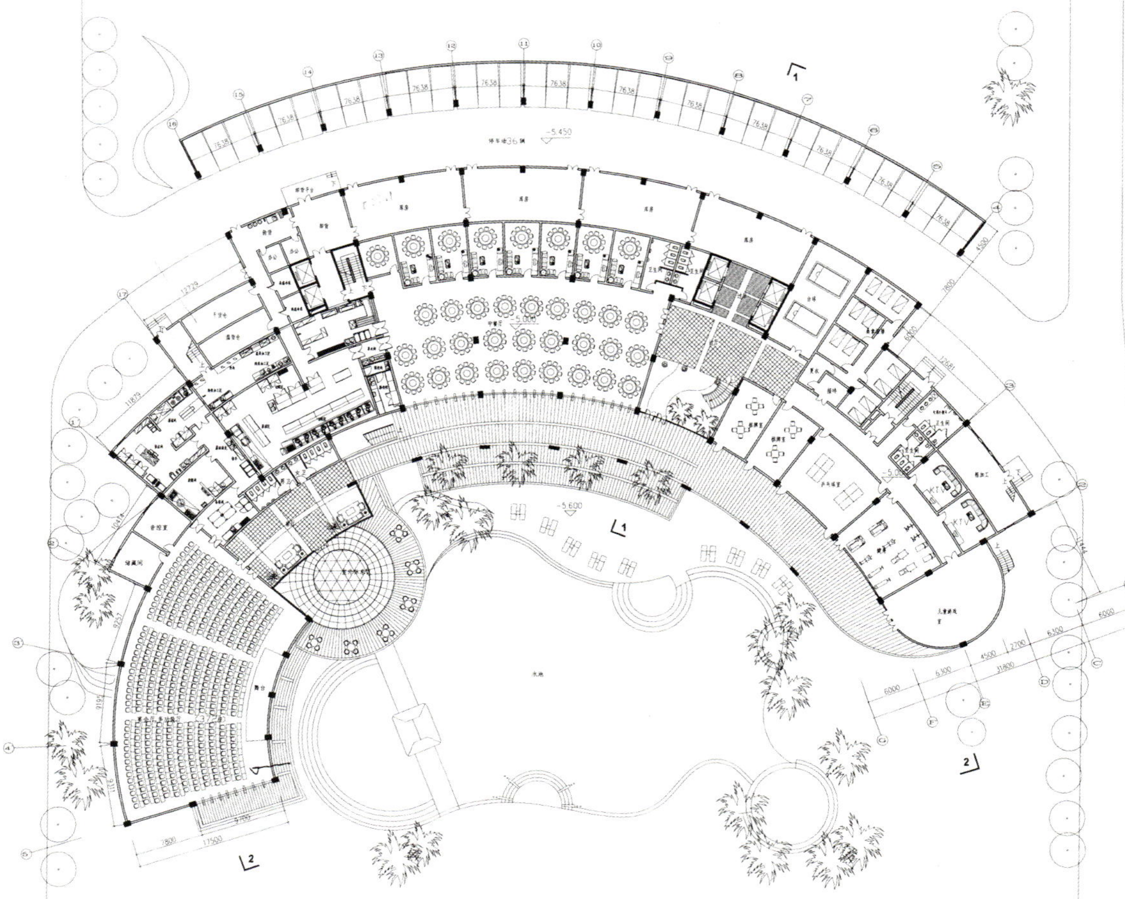

地下一层平面图

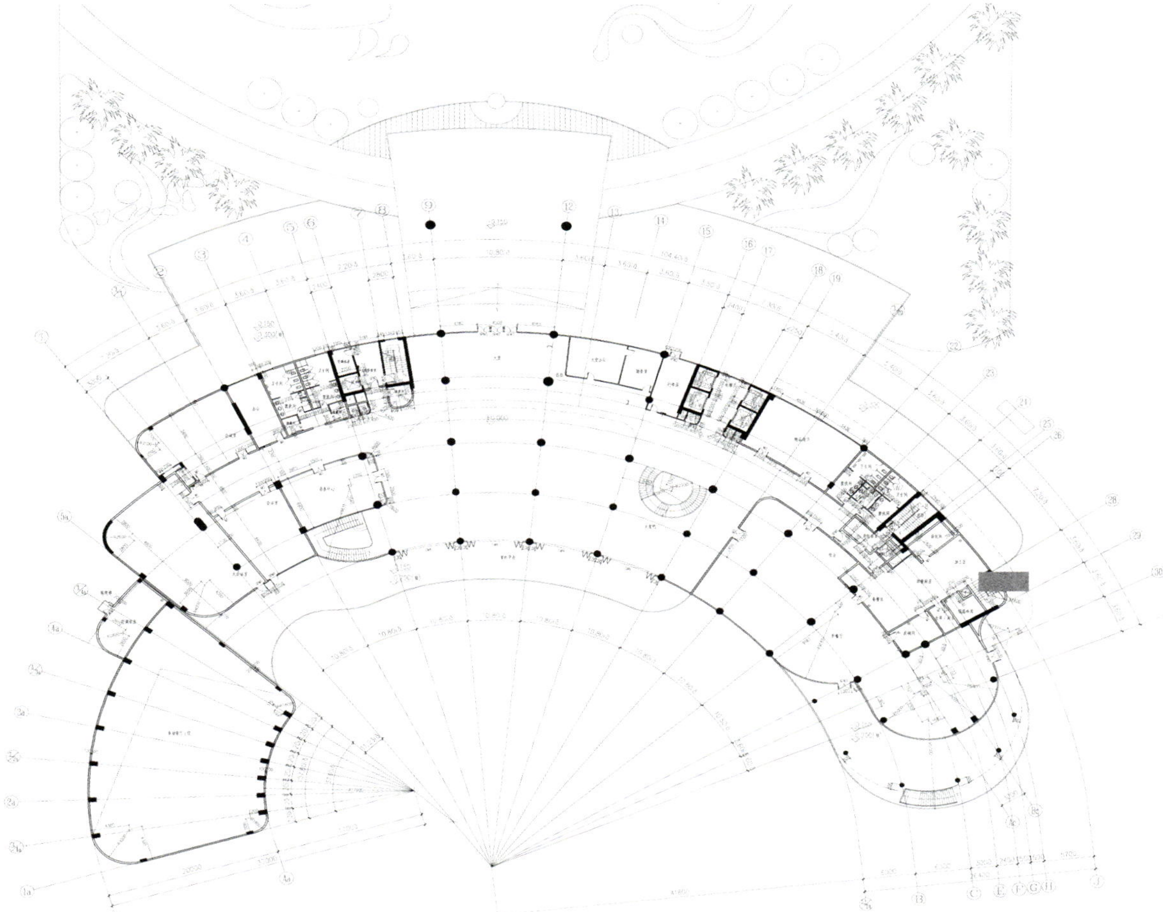

一层平面图

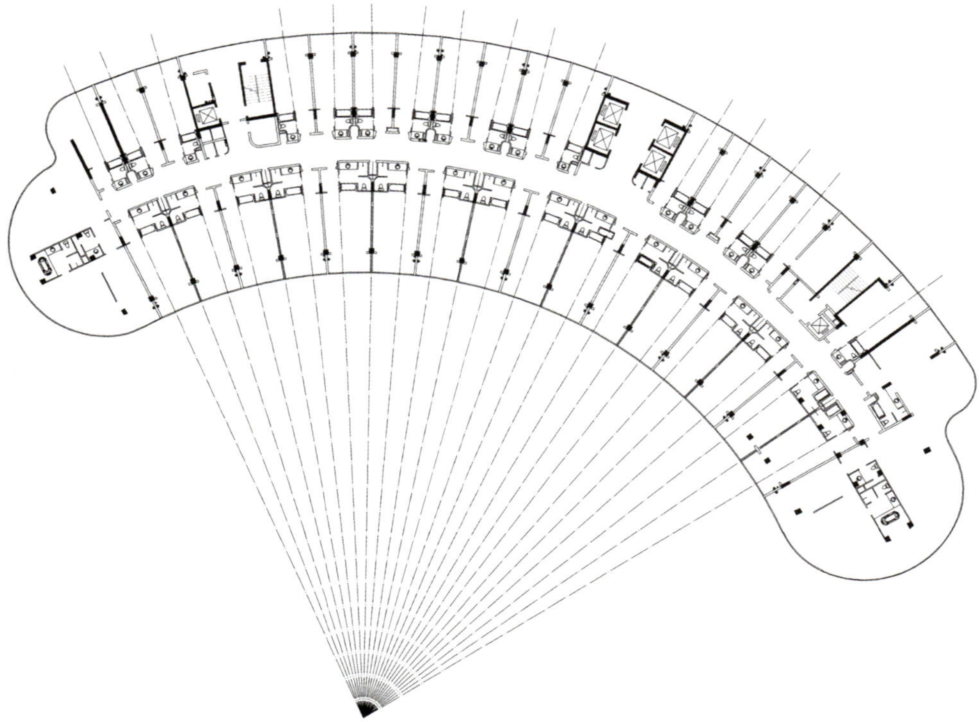

标准层平面图

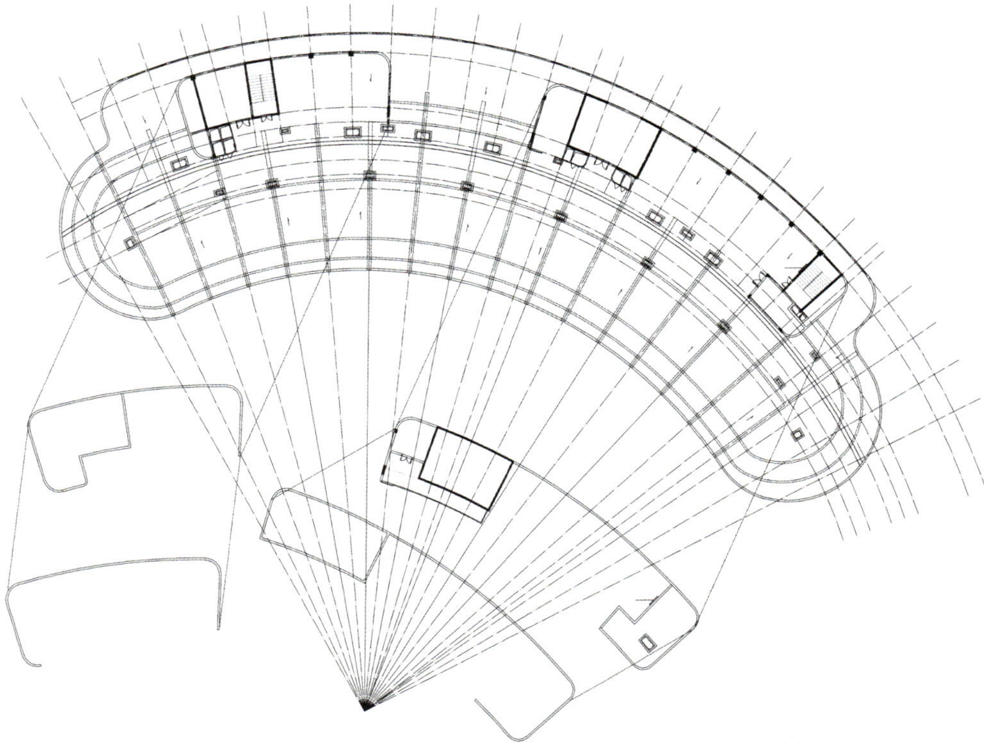

屋顶层平面图

禁止跳水
No Diving

按摩亭 C
Massage Hut

按摩亭 B

丽晶池
Pleasant Spring

Sanya Marriott Resort & Spa

亚龙湾家化万豪度假酒店

The Sanya Marriott Resort & Spa is located in the Yalong Bay, and it is a five-star resort hotel owns a 450 meters long private sandy beach. Nestled along the shores of the South China Sea on Hainan Island's Yalong Bay, Sanya Marriott Resort & Spa creates the most memorable family vacation or romantic getaway.

亚龙湾家化万豪度假酒店位处海南岛的亚龙湾，是拥有一个长450米的私人海滩的五星级度假酒店。设计师大胆地采用天然原石与暖色调木质材料，结合当地迷人的自然风景和质朴的风土人情衬托出其自然、时尚的独特风格。

Economic and Technical Indicators:

Total site area: 108335㎡
Total floor space: 37221㎡
Capacity rate: 0.34
Vegetation rate: 69%
Building density: 8.76%
The number of rooms: 800
Parking space: 108

主要经济技术指标：

总用地面积：108335㎡
总建筑面积：37221㎡
容积率：0.34
绿化率：69%
建筑密度：8.76%
客房总数：800间
停车位：108个

TENNIS COURTS
网球场
PLANTATION GARDENS
CHINESE RESTAURANT
中式餐厅
LAGOON POOL
环形游泳池
WATER SLIDE
水上滑板
FUNCTION TERRACE
会议排场
PORTE COCHERE
贵宾下车处
FOUNTAIN
喷水池
ENTRANCE PLAZA
进口大堂
GUARD HOUSE
守卫室
STAGE / DISCO
露天舞台及迪士科
AMPHITHEATER
SEA LAGOON GARDENS
BEACH
沙滩
BARBEQUE
烧烤
BEACH EQUIPMENT RENTAL
SPA
GAZEBO
凉亭
下斜坡
上斜坡
0
20
40
60 METERS

总平面图

正立面

背立面

1.20M

Marriott Cafe
万豪咖啡厅

Yalong Bay Mangrove Tree Resort
亚龙湾红树林度假酒店

The Yalong Bay Mangrove Tree Resort is located in the pristine Yalong Bay National Hotel and Resort District. The hotel invested and developed by the Antaeus Group, is a five-star resort with a different experience. Facing the magnificent endless blue sea, it covers 150 acres, 59000 square meters of building areas.

三亚亚龙湾红树林度假酒店位于亚龙湾国家旅游度假区，是一家以中国巴厘岛热带风情为特点的五星级纯度假酒店。酒店坐拥宽广的沙滩和亚龙湾碧波万顷的大海，充满热带氛围。

Economic and Technical Indicators:

Total site area: 99999.9m²
Total floor space: 61771.1m²
Capacity rate: 0.5
Vegetation rate: 67.5%
Building density: 14.38%
The number of rooms: 502
Parking space: 126

主要经济技术指标：

总用地面积：99999.9m²
总建筑面积：61771.1m²
容积率：0.5
绿化率：67.5%
建筑密度：14.38%
客房总数：502间
停车位：126个

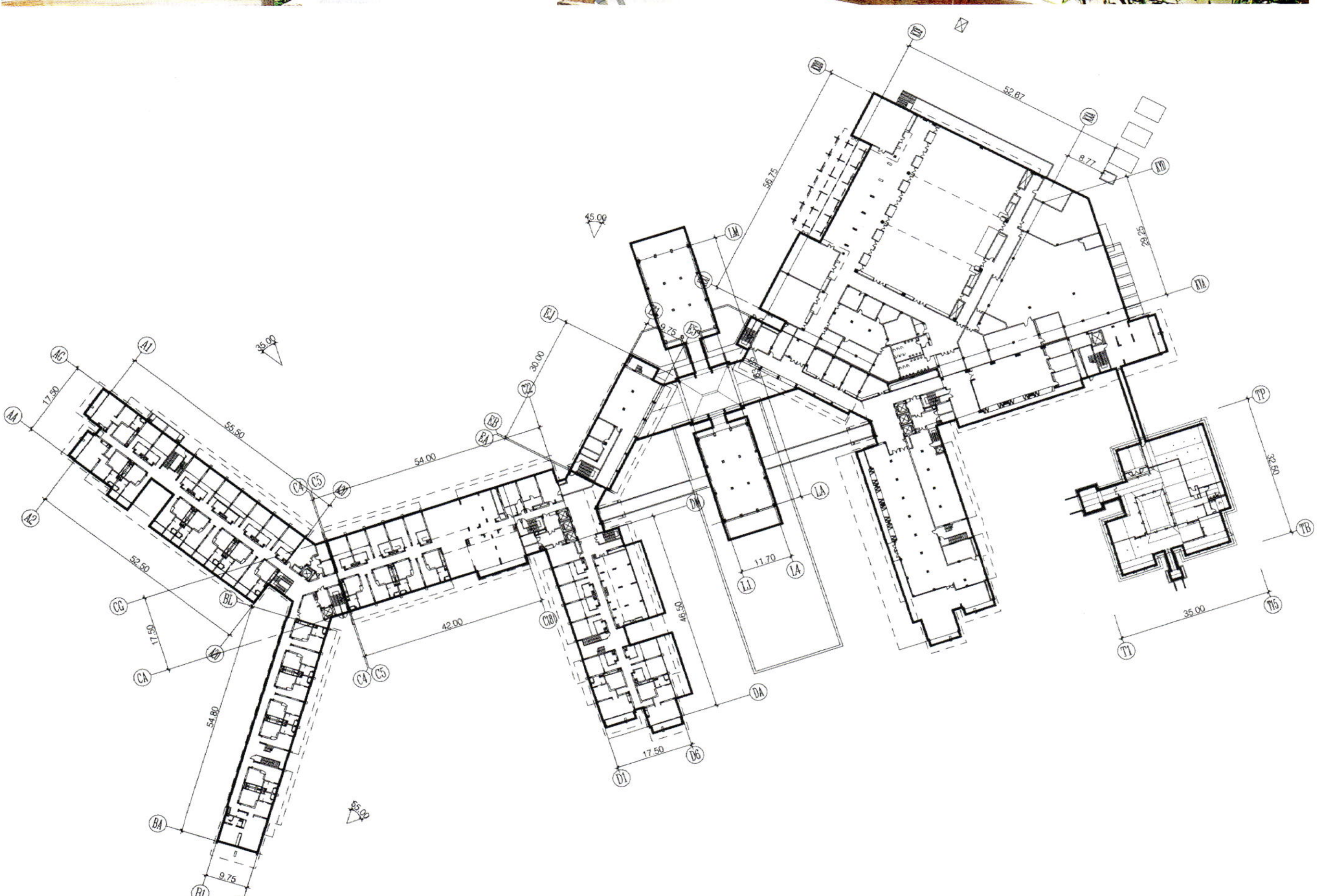

总平面图

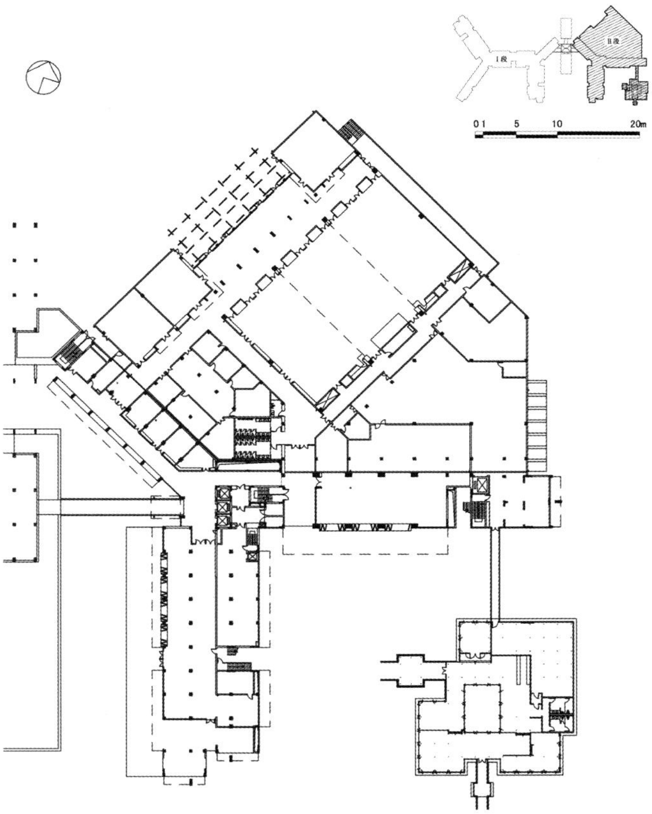

首层平面图

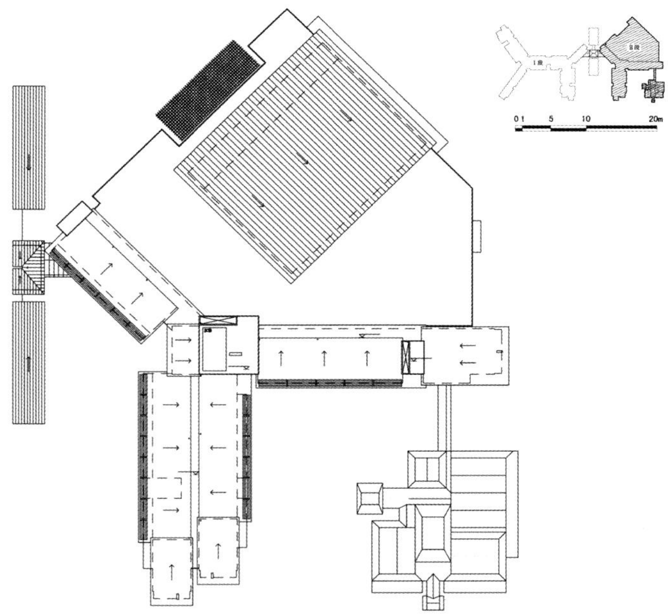

屋顶平面图

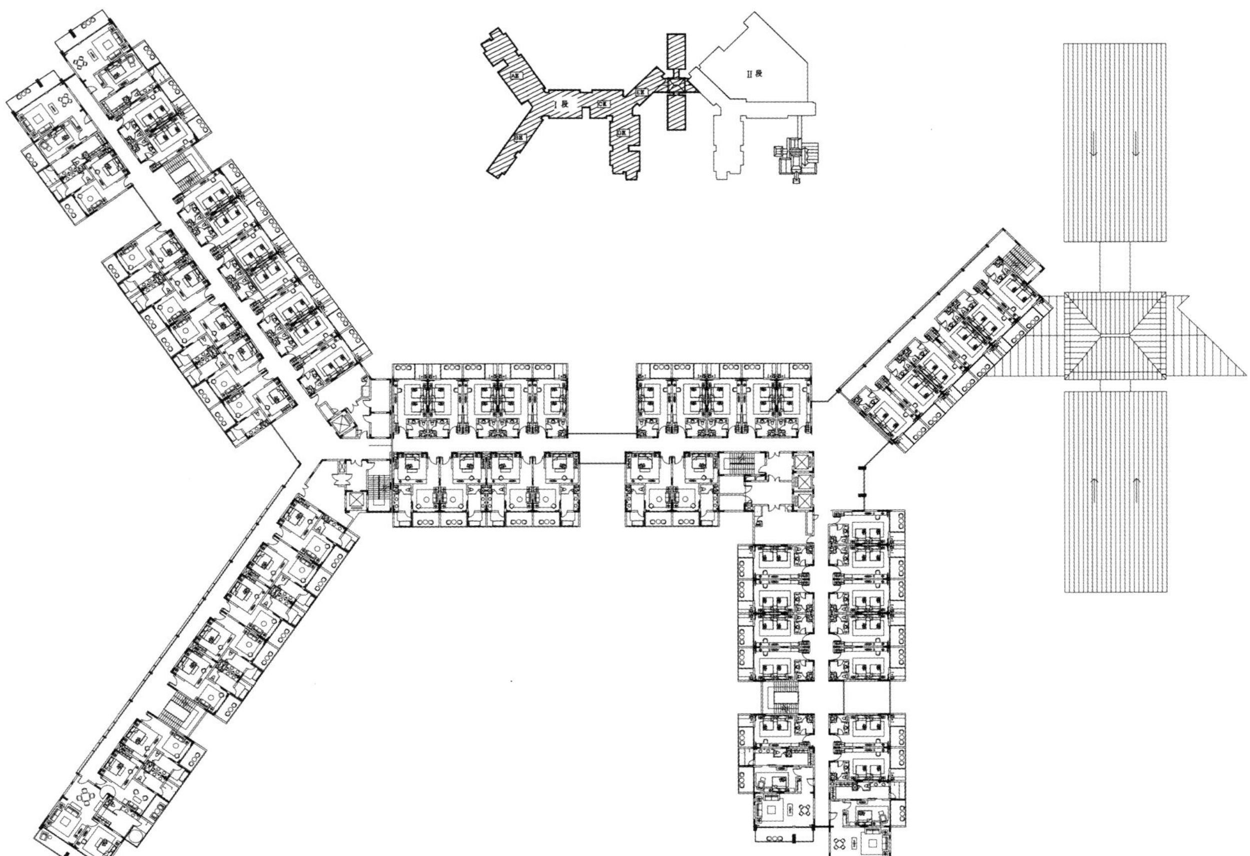

二层平面图

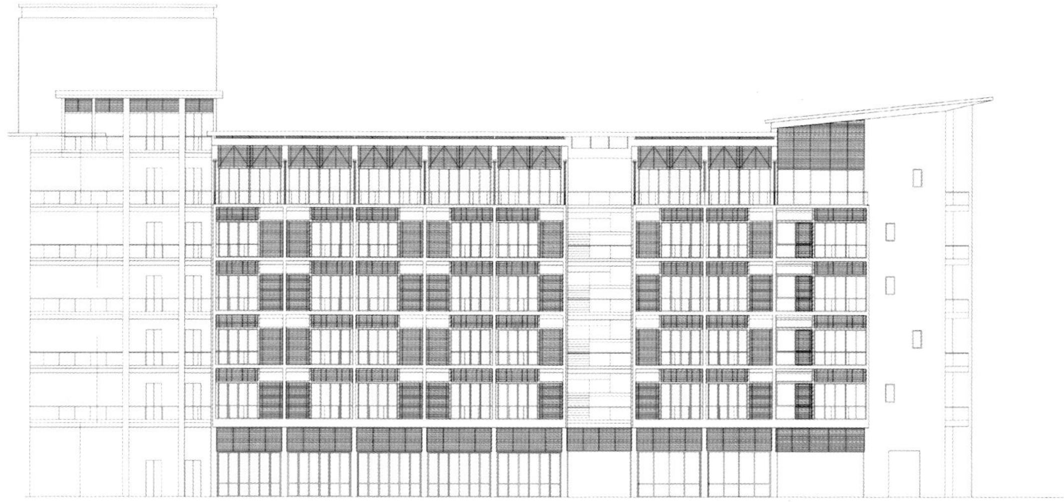

立面图之一

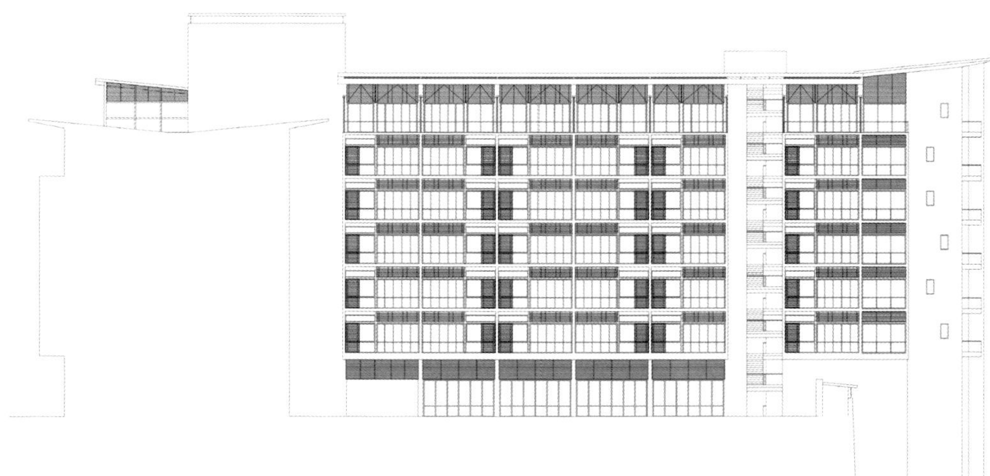

立面图之二

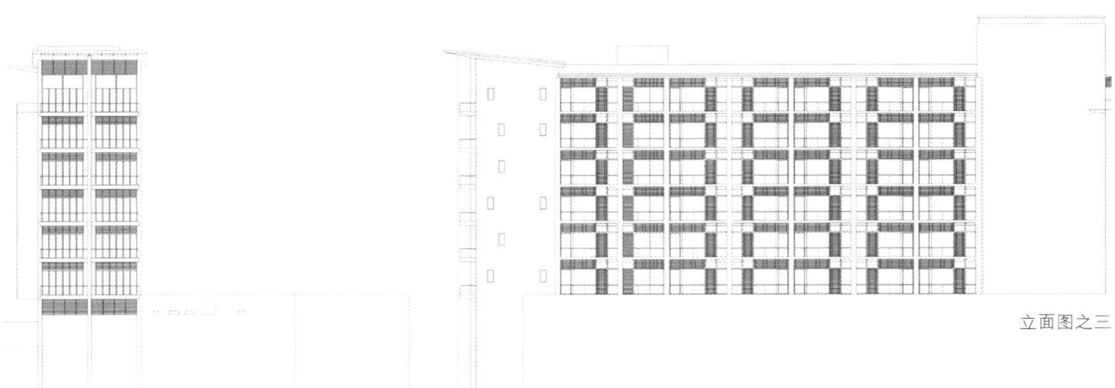

立面图之三

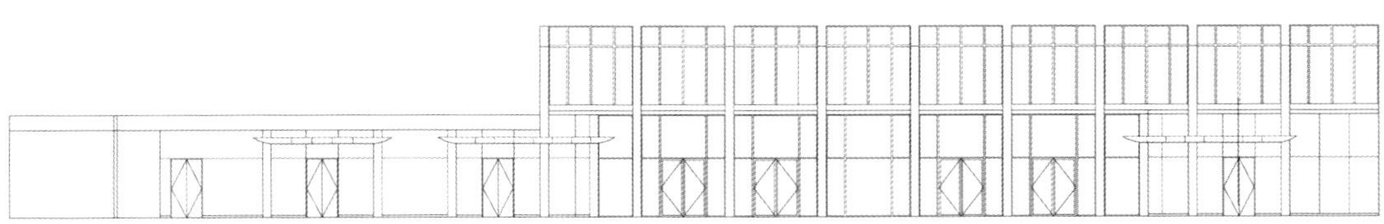

立面图之四

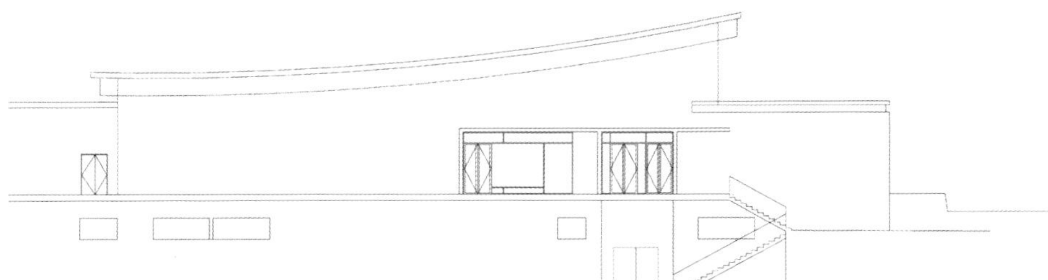

立面图之五

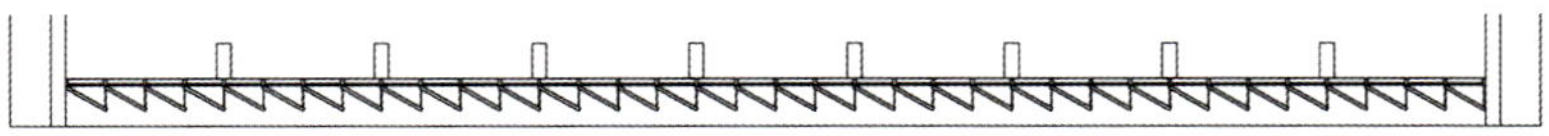

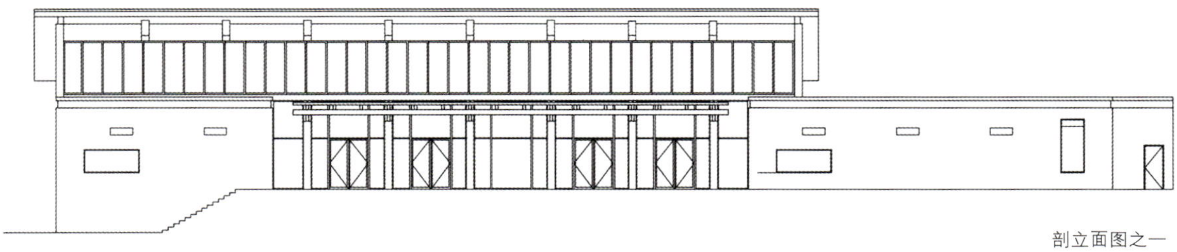

剖立面图之一

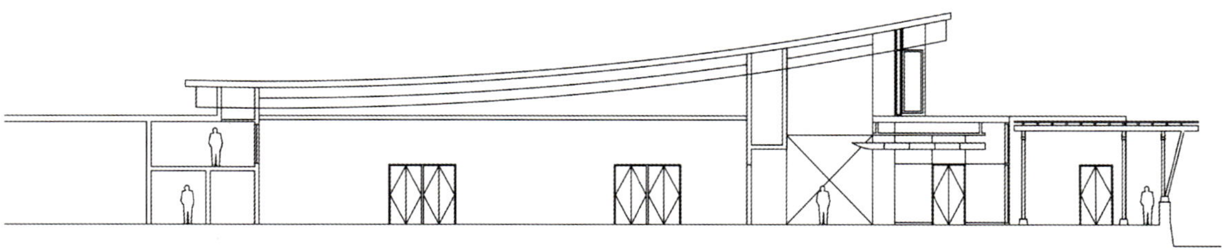

立面图之六

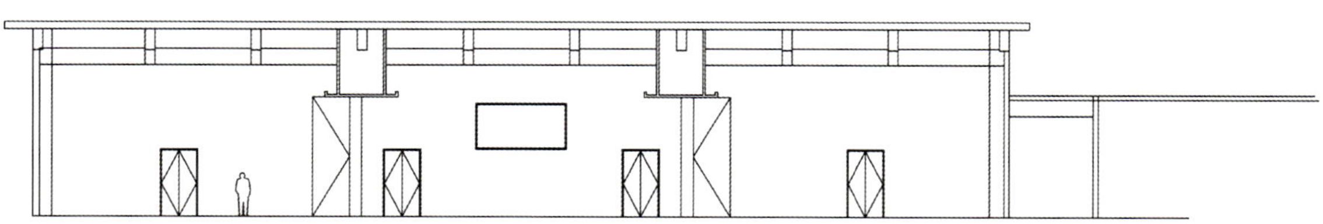

剖立面图之二

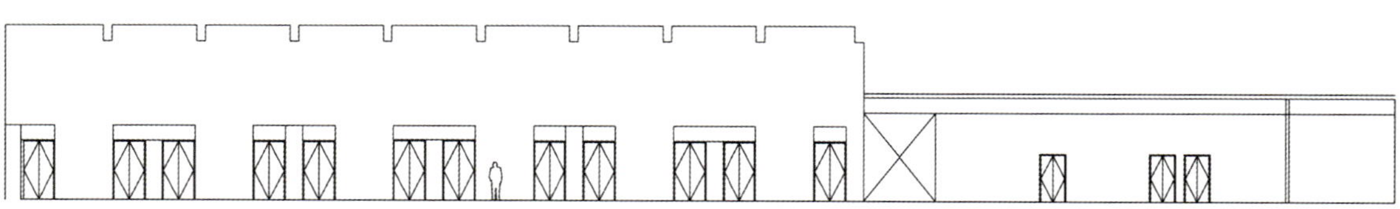

立面图之七

立面图

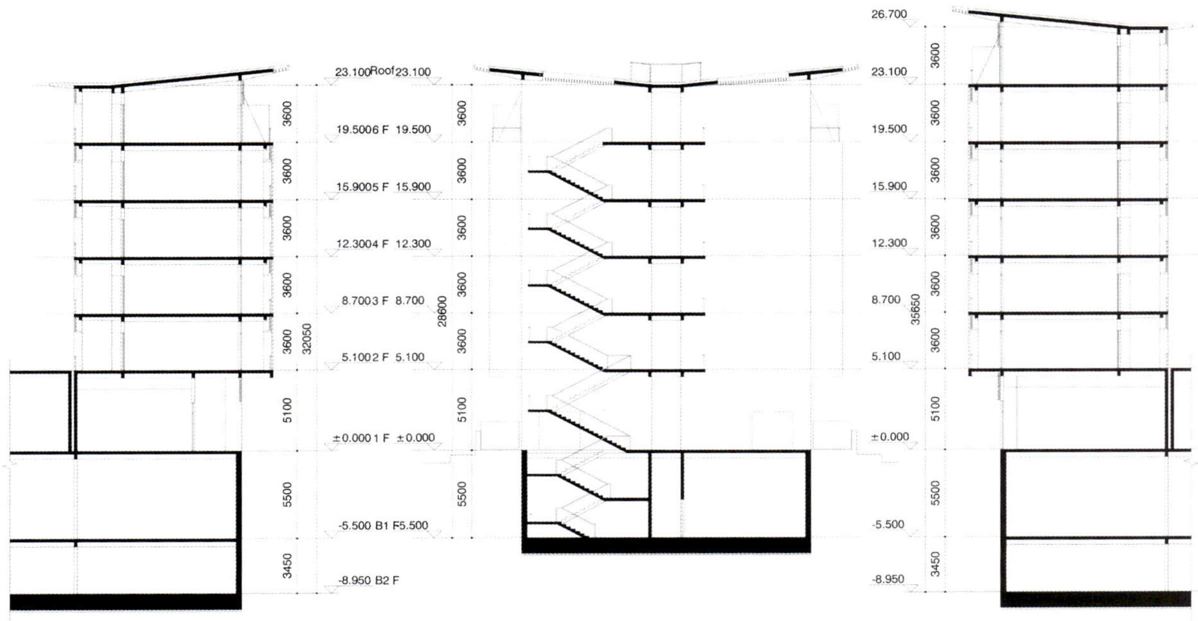
26.700
23.100 Roof 23.100
19.500 6 F 19.500
15.900 5 F 15.900
12.300 4 F 12.300
8.700 3 F 8.700
5.100 2 F 5.100
±0.000 1 F ±0.000
-5.500 B1 F 5.500
-8.950 B2 F
3600
5100
5500
3450
32050
28600
35650

剖面图

红树林度假酒店
MANGROVE TREE RESORT

禁止跳水
NO DIVING

Aegean Conifer Suites Resort Sanya
三亚爱琴海岸康年套房度假酒店

The Aegean Conifer Suites Resort Sanya is a distinctively contemporary resort on Yalong Bay overlooking the most spectacular pristine beach in China. For privacy, luxury and serenity, the hotel maintains a sophisticated air of elegance and comfort that transcends expectation. Aegean Conifer Suits Resort has made every detail a perfect combination of the Southeast Asian and Mediterranean style, expressing the comfort, taste, simplicity and romance that are unique to the resort.

三亚爱琴海岸康年套房度假酒店坐落于海南省亚龙湾国家旅游度假区中心的一线海景，是一家全套房的度假型酒店，拥有私家沙滩。同其他酒店相比，爱琴海岸康年度假村更为强调的是私属与私秘。典雅的希腊式白房子建筑外型巧妙融合了东南亚和地中海两种风格，整体体现出爱琴海岸独有的舒适、品位、简约、浪漫气质。

Economic and Technical Indicators:

Total site area: 18628.23m²
Total floor space: 18408.05m²
Capacity rate: 0.647
Vegetation rate: 70.74%
Building density: 16.16%
The number of rooms: 130
Parking space: 60

主要经济技术指标：

总用地面积：18628.23m²
总建筑面积：18408.05m²
容积率：0.647
绿化率：70.74%
建筑密度：16.16%
客房总数：130间
停车位：60个

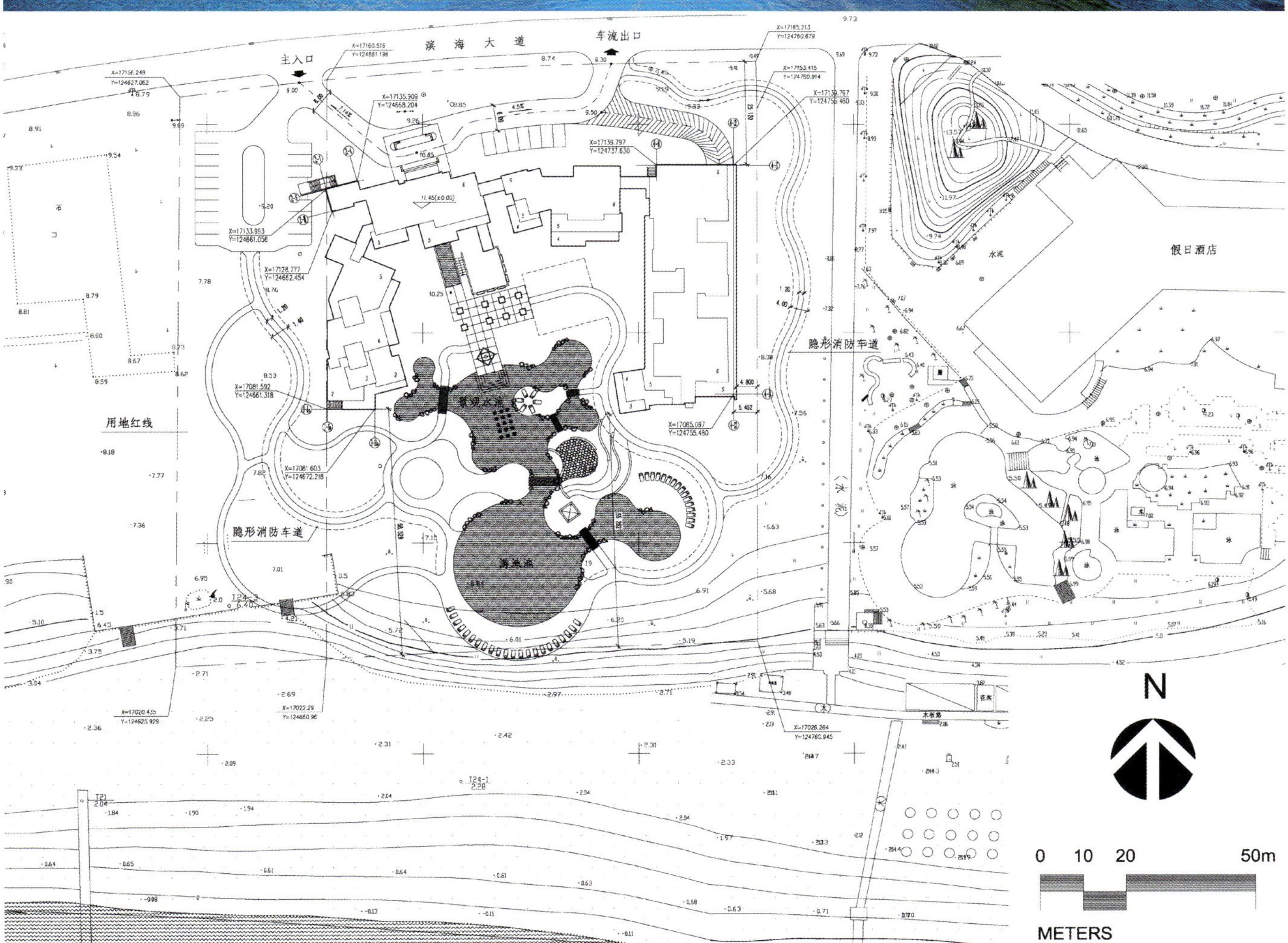

总平面图

五层平面图

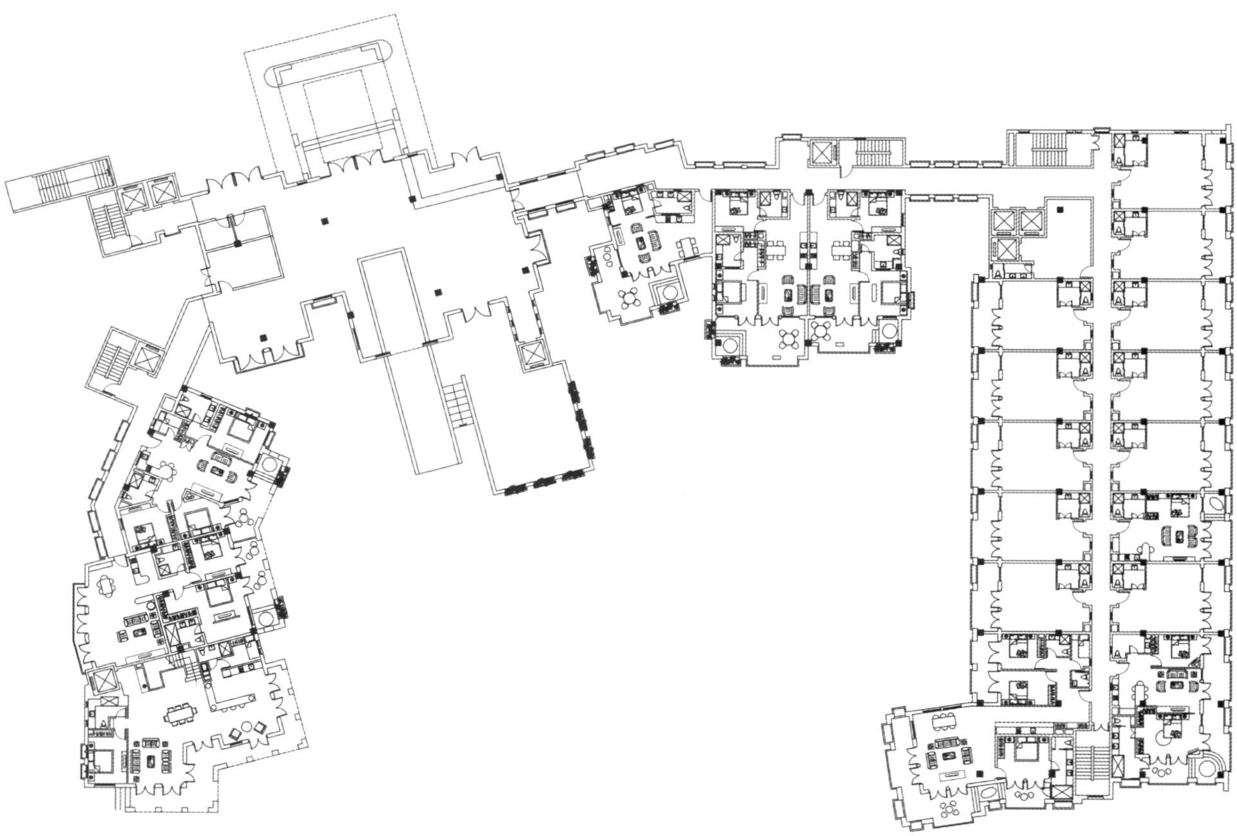

一层平面图

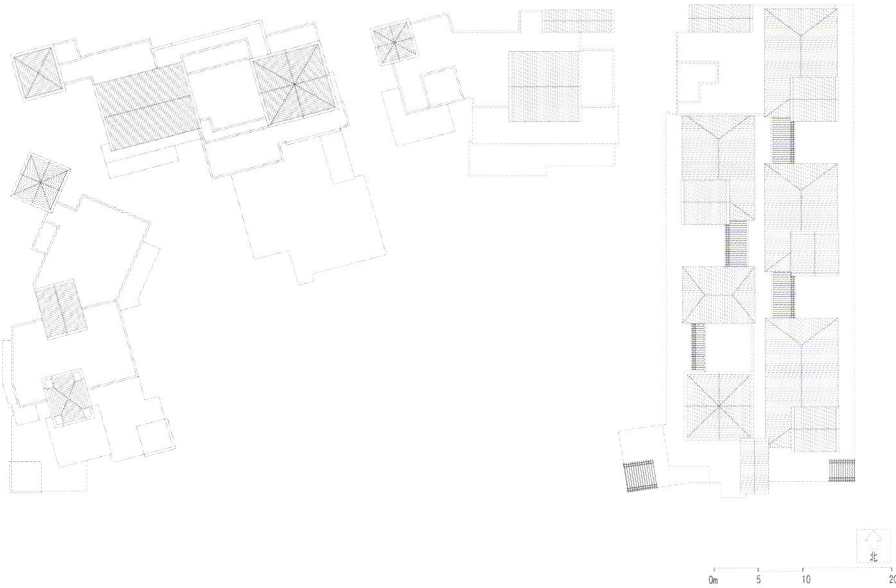

屋顶平面图

一区南立面

二区南立面

一区北立面

二区北立面

三区南立面

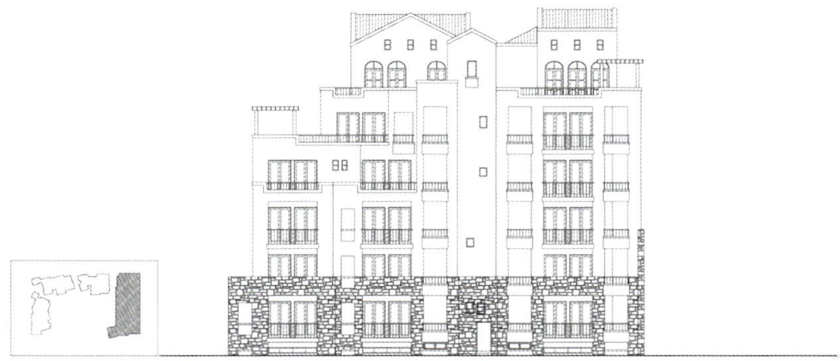

四区南立面

三区北立面

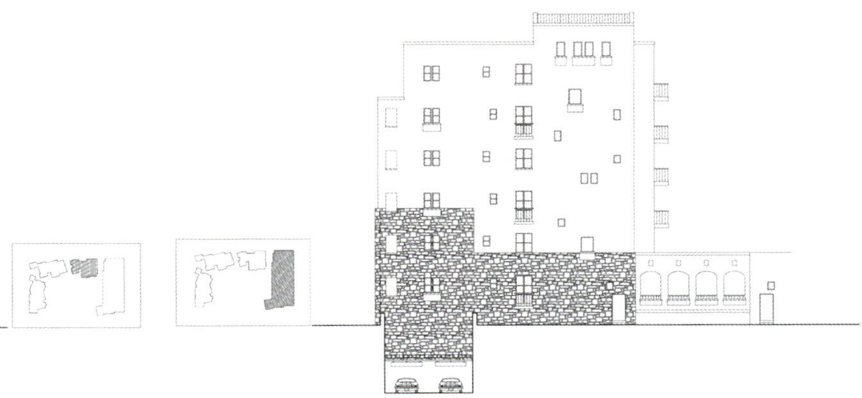

四区北立面

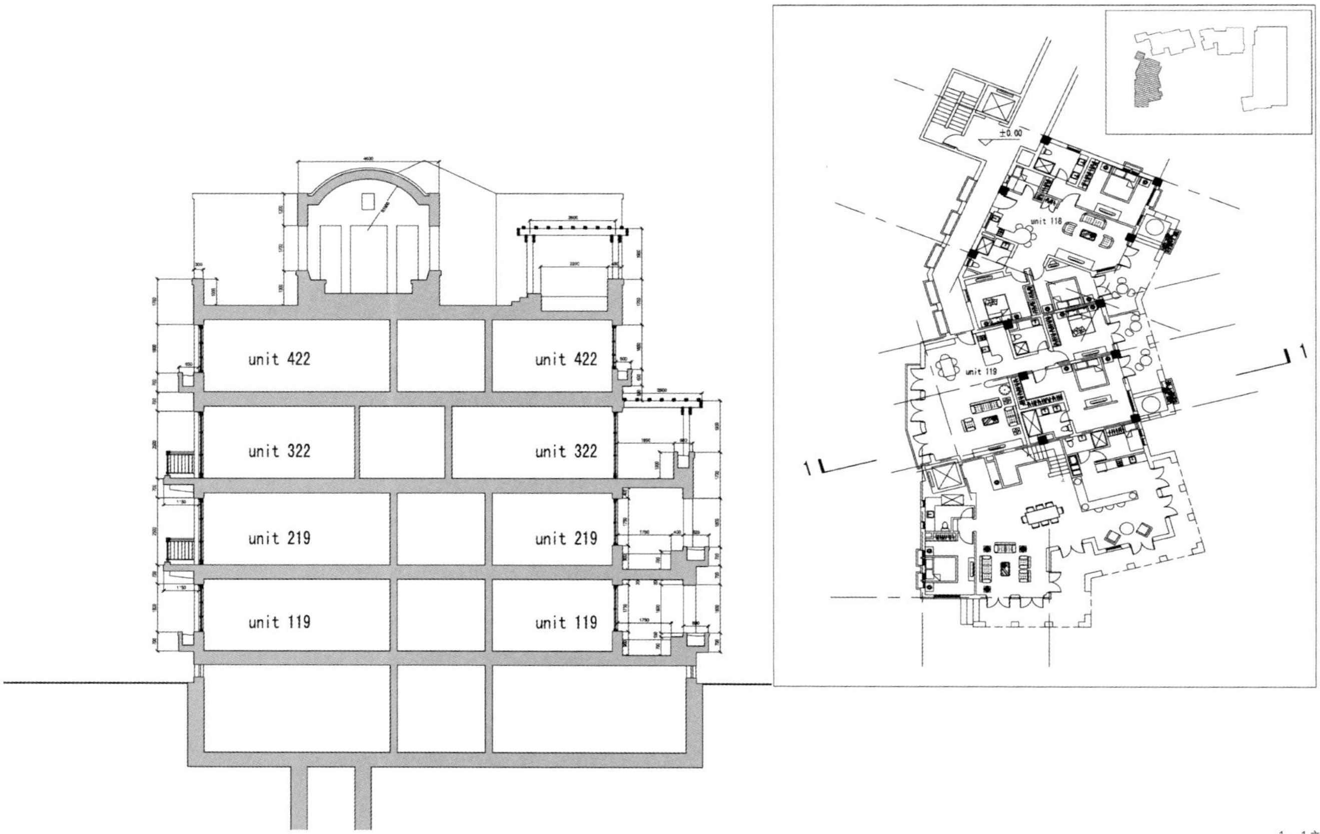
unit 422
unit 422
unit 322
unit 322
unit 219
unit 219
unit 119
unit 119
unit 118
unit 119

1-1剖面图

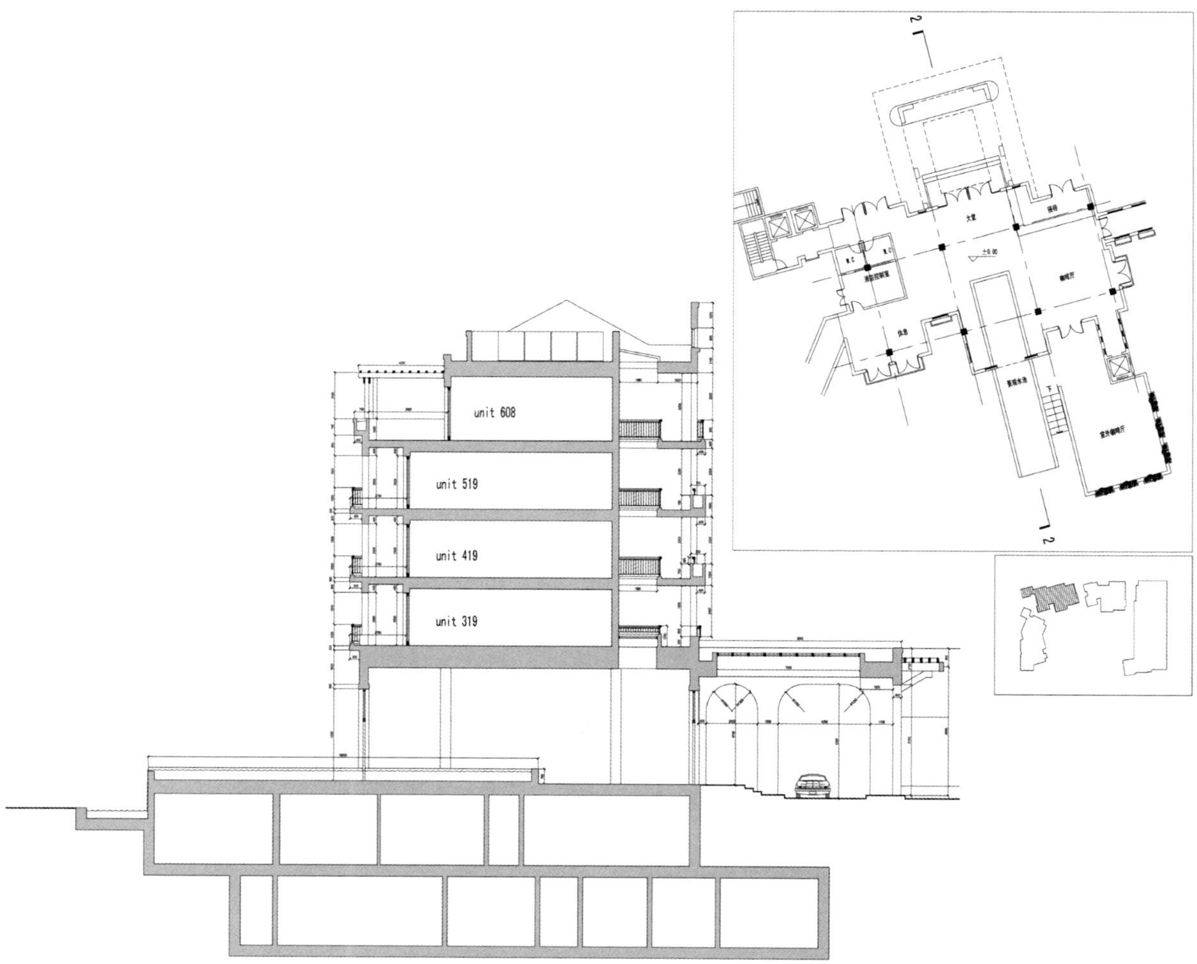
unit 608
unit 519
unit 419
unit 319

2-2剖面图

Conifer Suites

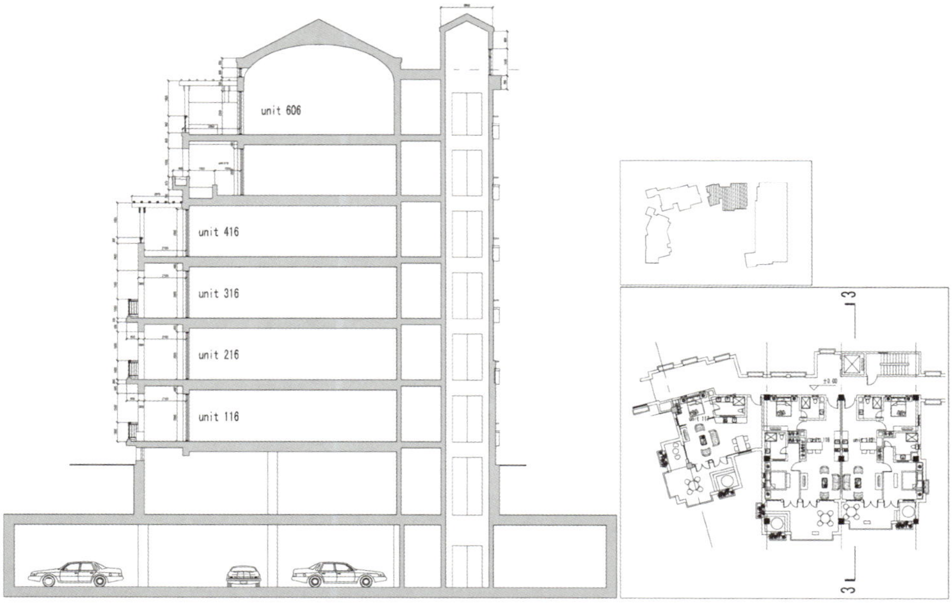

3–3剖面图

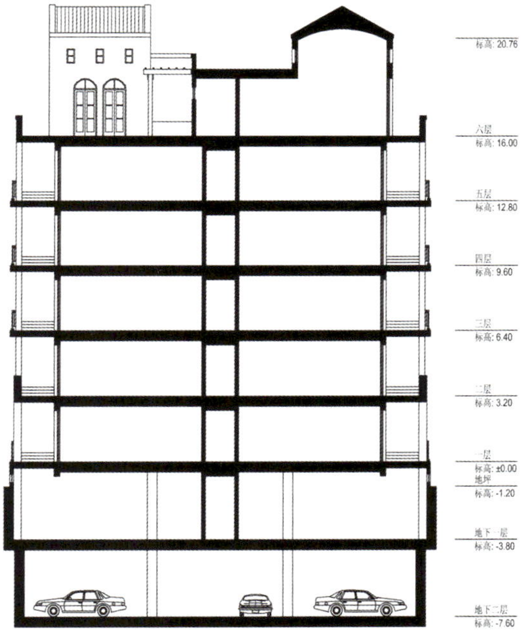
标高: 20.76
六层
标高: 16.00
五层
标高: 12.80
四层
标高: 9.60
三层
标高: 6.40
二层
标高: 3.20
一层
标高: ±0.00
地坪
标高: -1.20
地下一层
标高: -3.80
地下二层
标高: -7.60

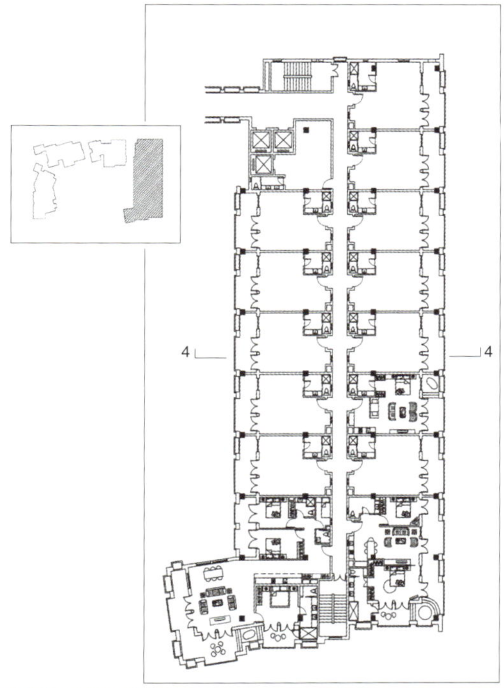
4
4

4-4剖面图

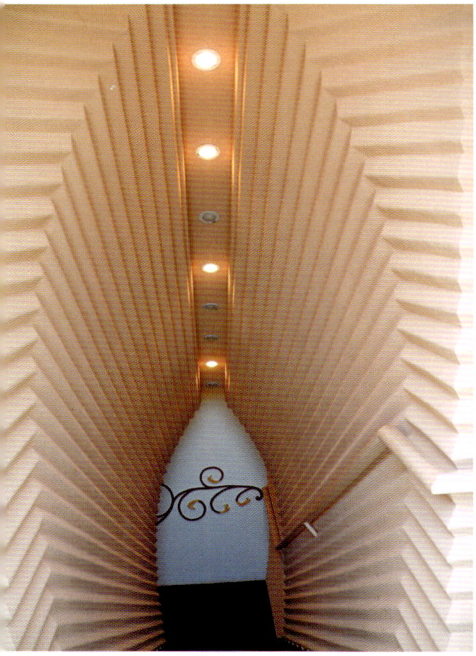

问询
INFORMATION

My City, My Life

Kempinski Resort & Spa Sanya

三亚凯宾斯基度假酒店

The Kempinski Resort & Spa Sanya nestled in the southern most tip of China on Hainan Island, along the private soft sandy beach. Including over 166 acres of lush tropical greenery and palm trees, the resort is a perfect getaway from the bustling city life.

三亚凯宾斯基度假酒店坐落在水清沙幼的三亚湾西海岸，是三亚拥有独立沙滩的最新五星级度假酒店之一。巨大的热带花园、棕榈树、多样的户外游泳池和延绵的私家沙滩成为人们远离城市喧嚣的好去处。

Economic and Technical Indicators:

Total site area: 81742.64㎡
Total floor space: 58955.96㎡
Capacity rate: 0.56
Vegetation rate: 61%
Building density: 28.35%
The number of rooms: 408
Parking space: 152

主要经济技术指标：

总用地面积：81742.64㎡
总建筑面积：58955.96㎡
容积率：0.56
绿化率：61%
建筑密度：28.35%
客房总数：408间
停车位：152个

总平面图

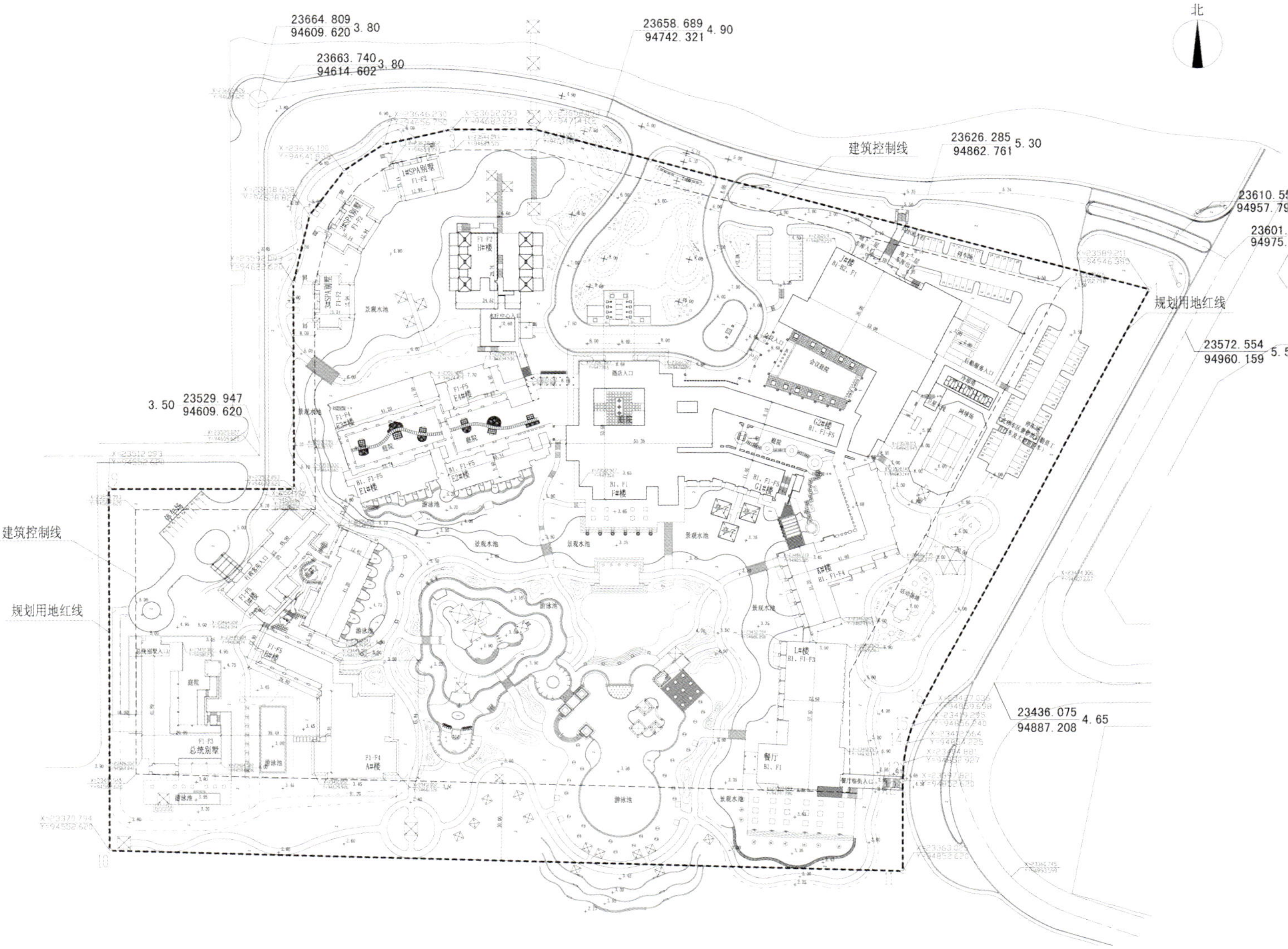
北
23664.809
94609.620 3.80
23663.740
94614.602 3.80
23658.689
94742.321 4.90
建筑控制线
23626.285
94862.761 5.30
23610.55
94957.79
23601.
94975.
规划用地红线
23572.554
94960.159 5.5
3.50 23529.947
94609.620
建筑控制线
规划用地红线
23436.075
94887.208 4.65

总平面场地图

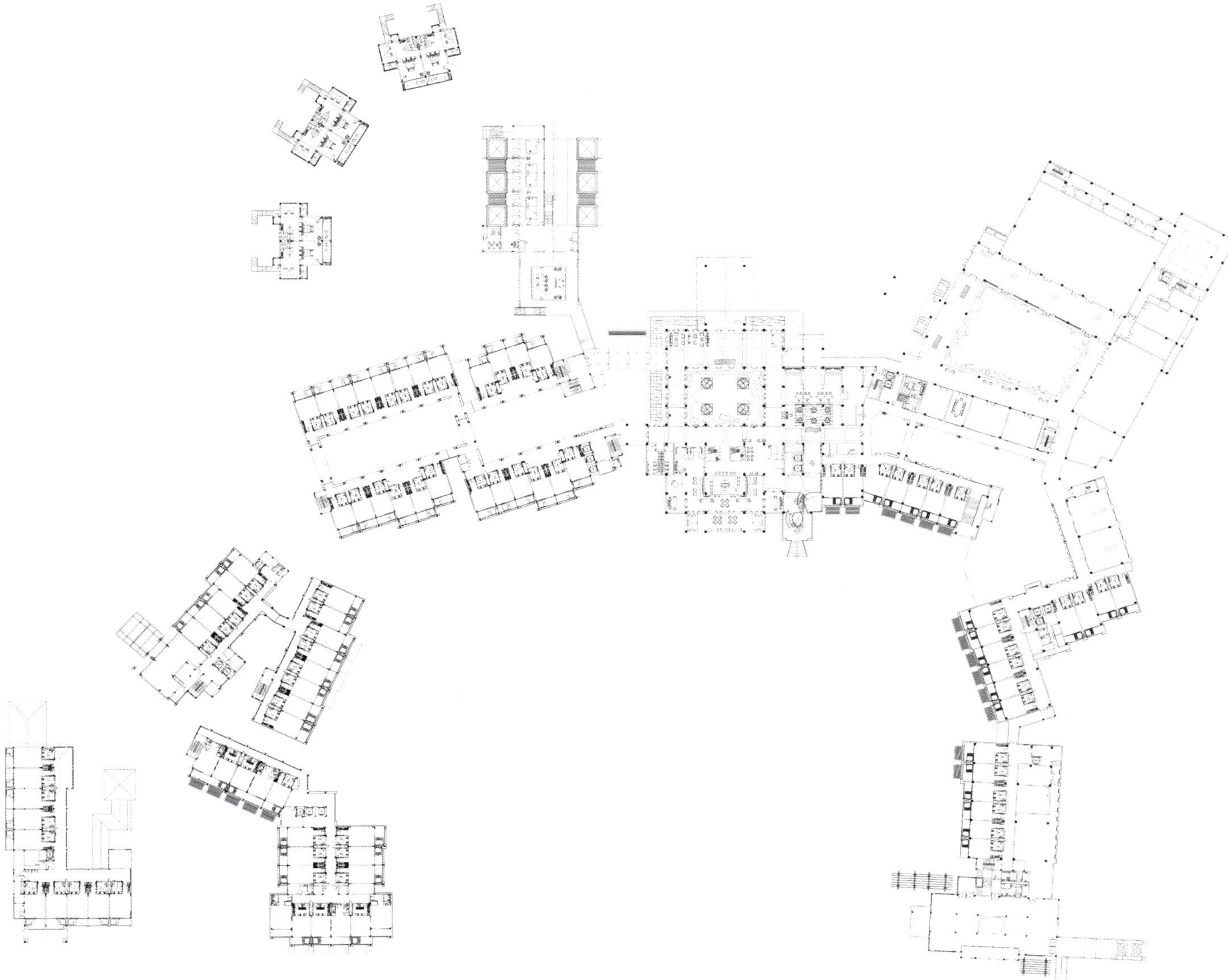

一层平面图

剖立面图

鸟瞰图

5105
5103
5102
5101

5105
5103

PAULANER

PAULANER

Rendezvous Baohong Hotel Sanya
三亚宝宏大酒店

The Rendezvous Baohong Hotel Sanya is located in the Dadonghai Bay (Great East Sea Bay) Tourism District, just 5 minutes stroll from the ocean and close by the city centre. Sanya's leading five-star international hotel offers the discerning traveler unparalleled comfort. The hotel is ideally located to rendezvous for leisure, business or both.

三亚宝宏大酒店（原三亚宝宏龙都大酒店）坐落在海南省三亚大东海国家旅游区，是该地区最新的集商务与度假于一体的按五星级标准而建的酒店，独特的两幢欧式风格的建筑在热带植物的装扮下尽显和谐。

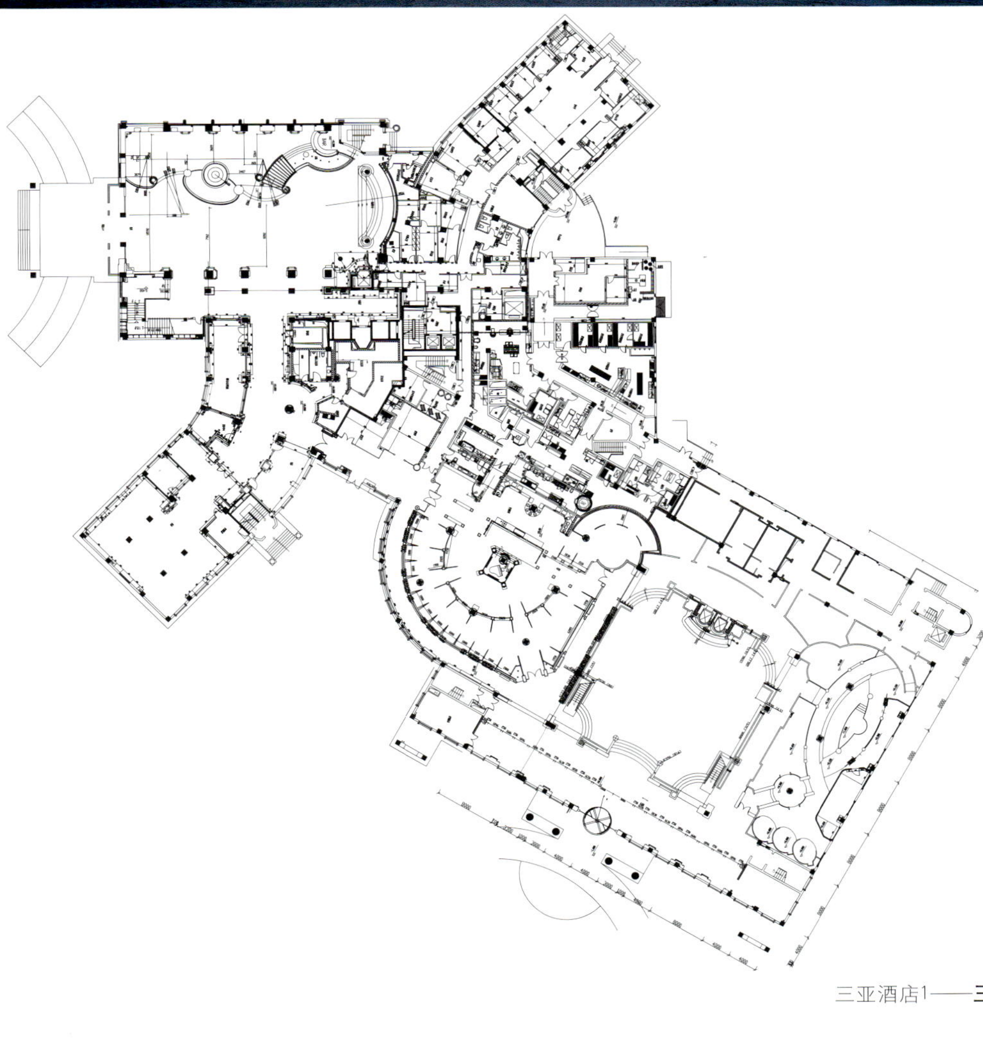

一层平面图

ROYA
Internationa
新皇家國際

三亚宝宏大酒店
BAOHONG HOTEL

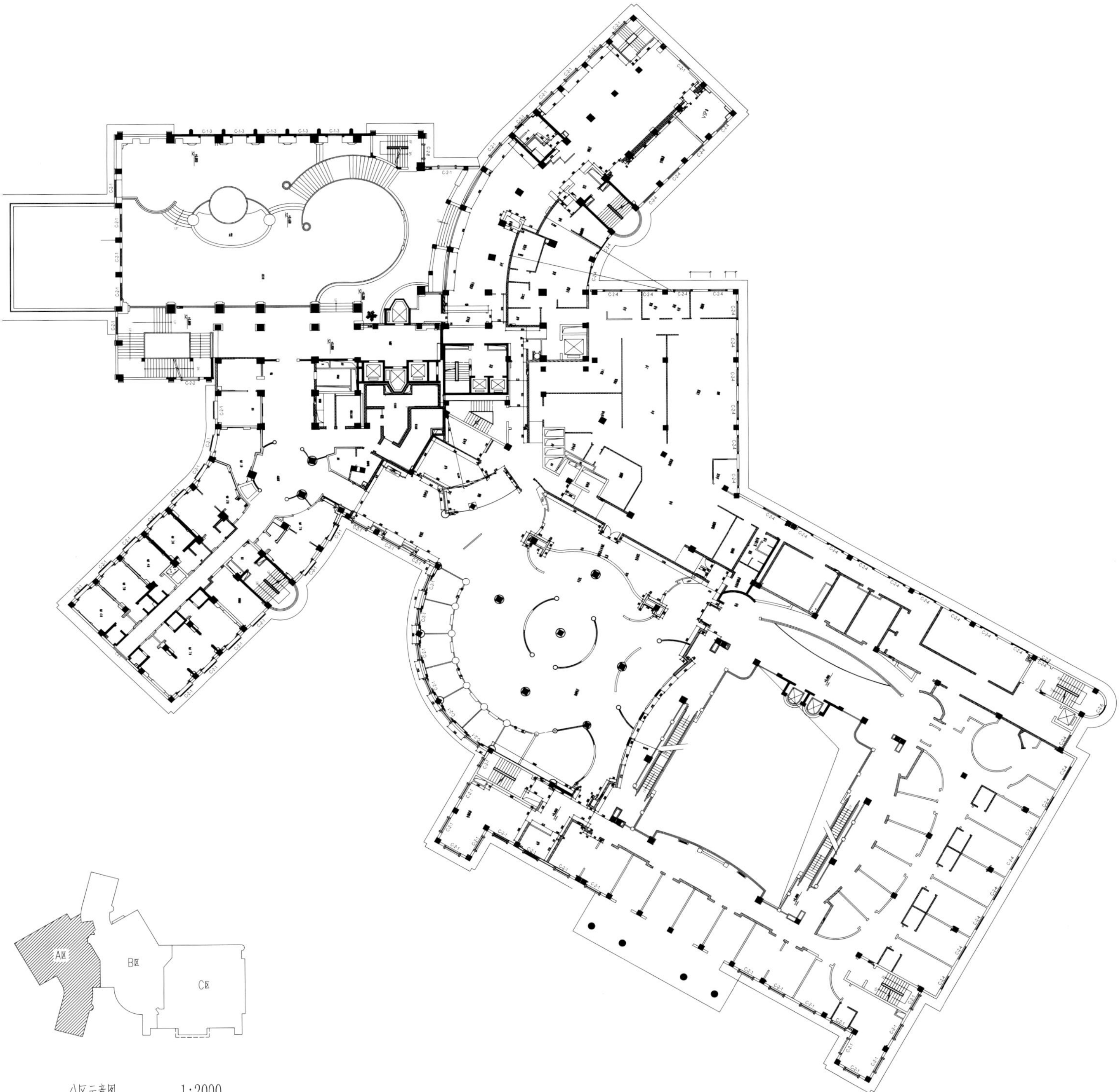

分区示意图　1:2000

二层平面图

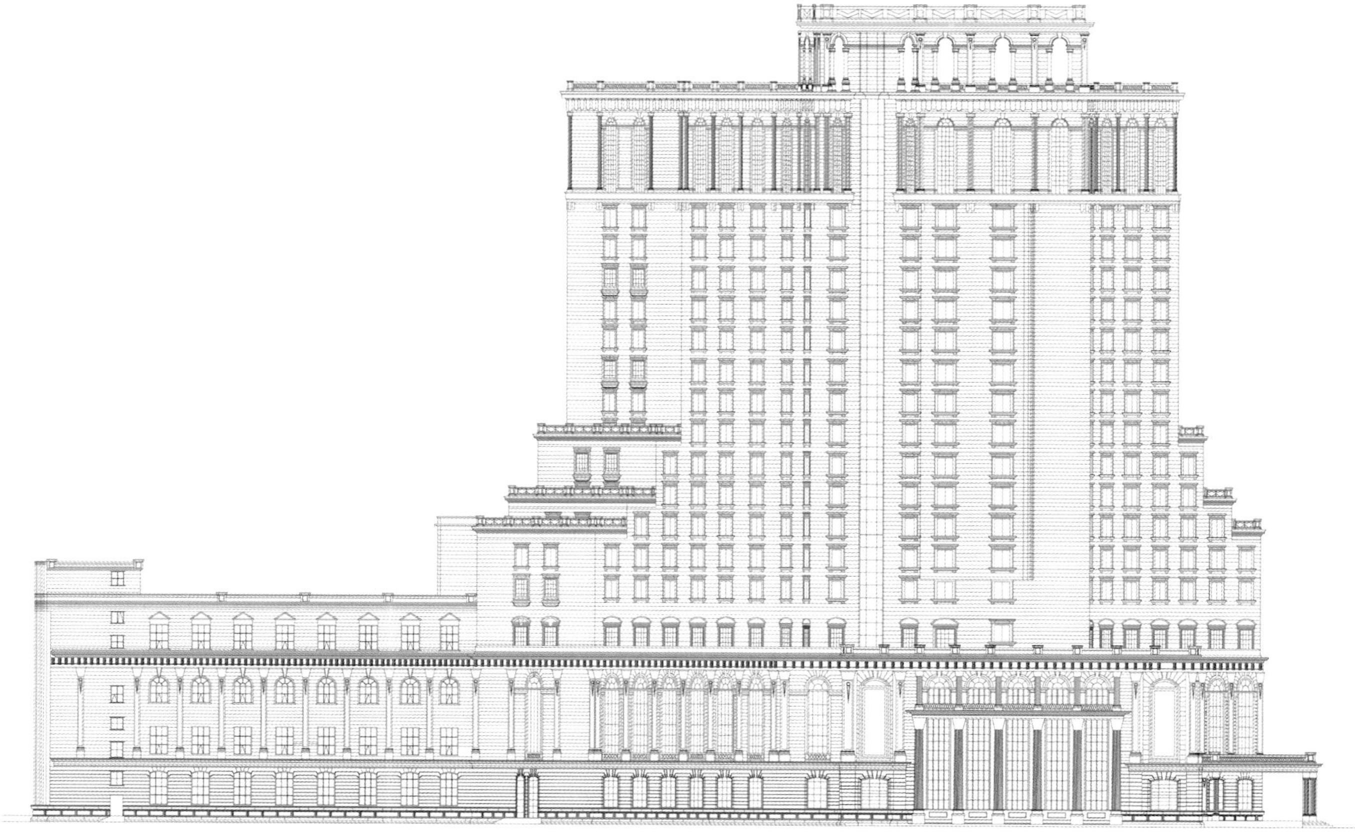

北立面图

南立面图

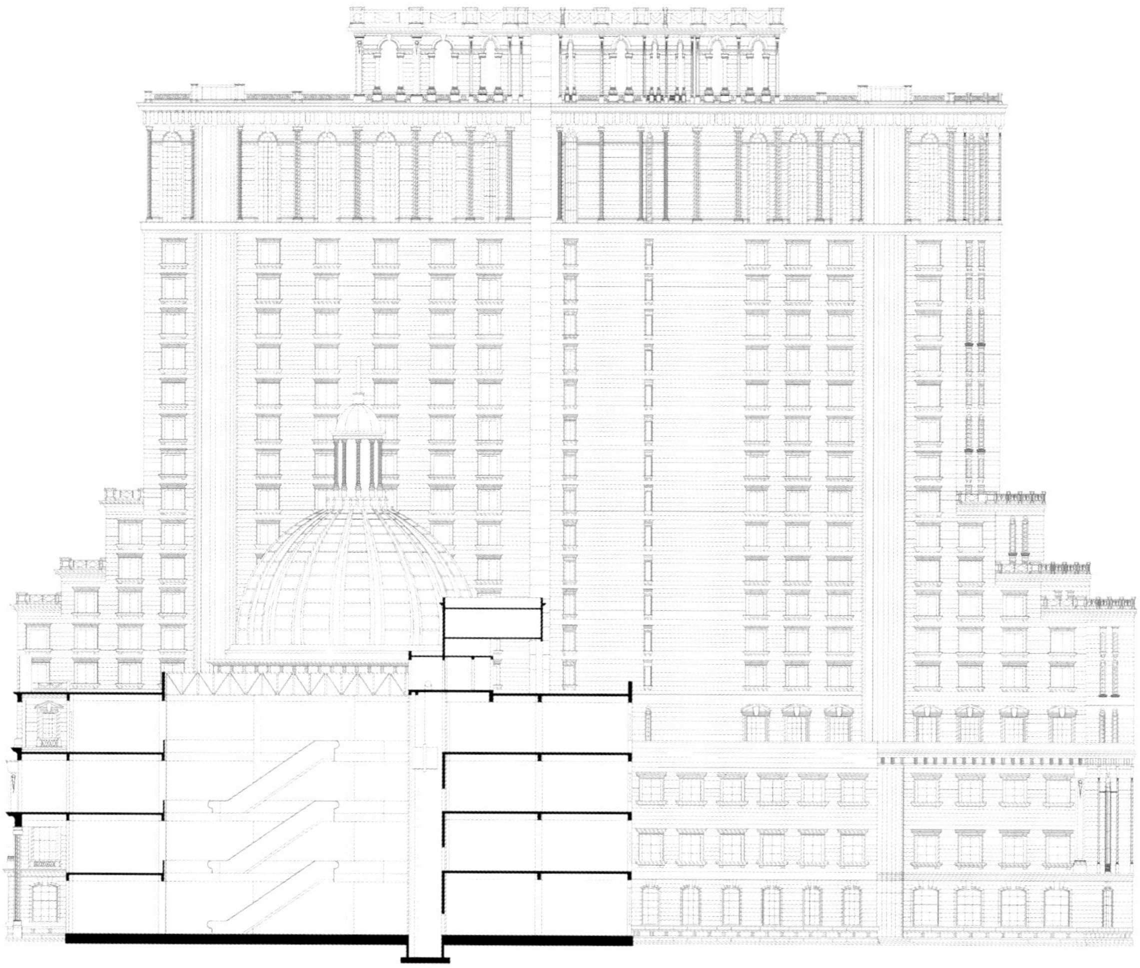

B–B剖面图

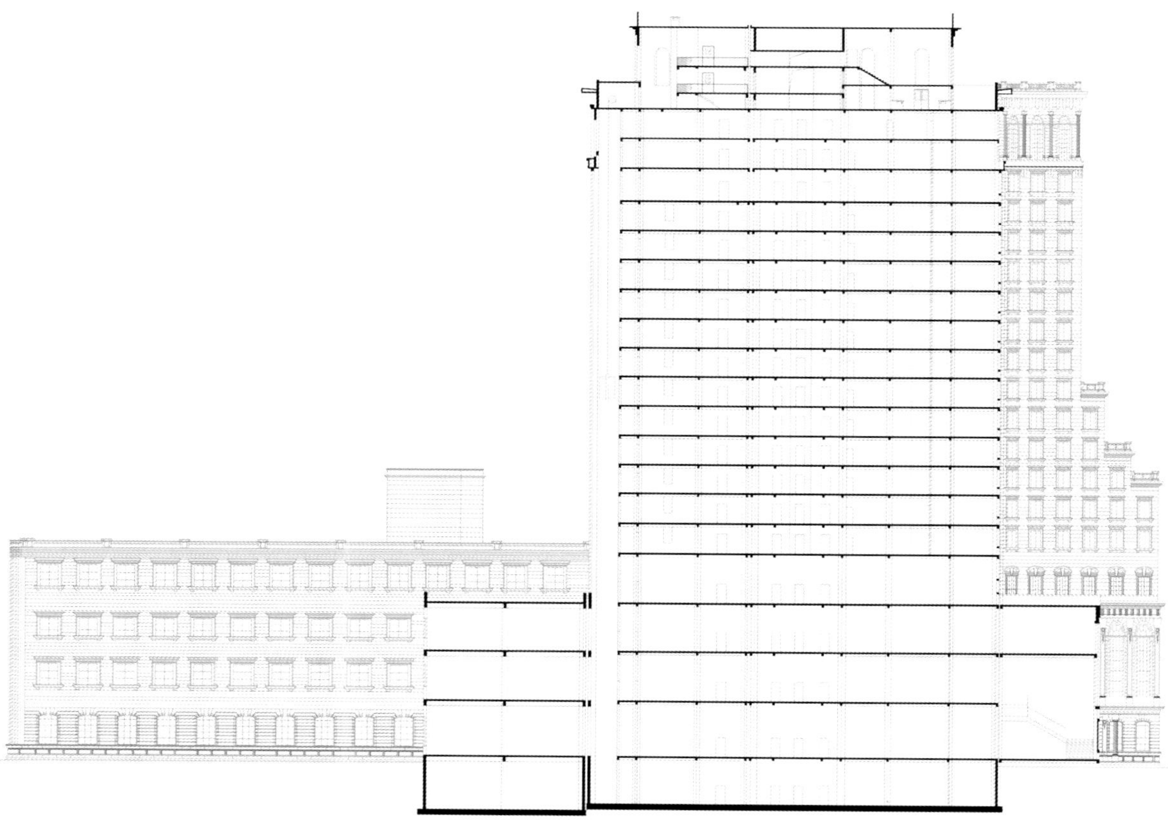

A–A剖面图

ROYAL
International Club
新皇家國際會所

ROYAL
International Club
新皇家國際會所

喜

Howard Johnson Resort Sanya Bay

三亚国光豪生度假酒店

The Howard Johnson Resort Sanya Bay located in the centre area of Sanya Bay, it is one of the most large-scale five-star coastal resorts in China. The hotel is the gateway to enter Sanya Bay from Sanya Phoenix International Airport. The Howard Johnson Resort is characterized with open seaview, convenient transportation, first-class beach, optimum sea water, and unique location.

三亚国光豪生度假酒店位于三亚湾一线海景中心地段，是国内大型的滨海五星级度假酒店，是三亚凤凰国际机场进入三亚湾的门户。酒店海景开阔，交通便利，区位优势显著。

Economic and Technical Indicators:

Total site area: 115300.93m²
Total floor space: 101618.69m²
Capacity rate: 0.78
Vegetation rate: 58.25%
Building density: 14.24%
The number of rooms: 1160
Parking space: 125

主要经济技术指标：

总用地面积：115300.93m²
总建筑面积：101618.69m²
容积率：0.78
绿化率：58.25%
建筑密度：14.24%
客房总数：1160间
停车位：125个

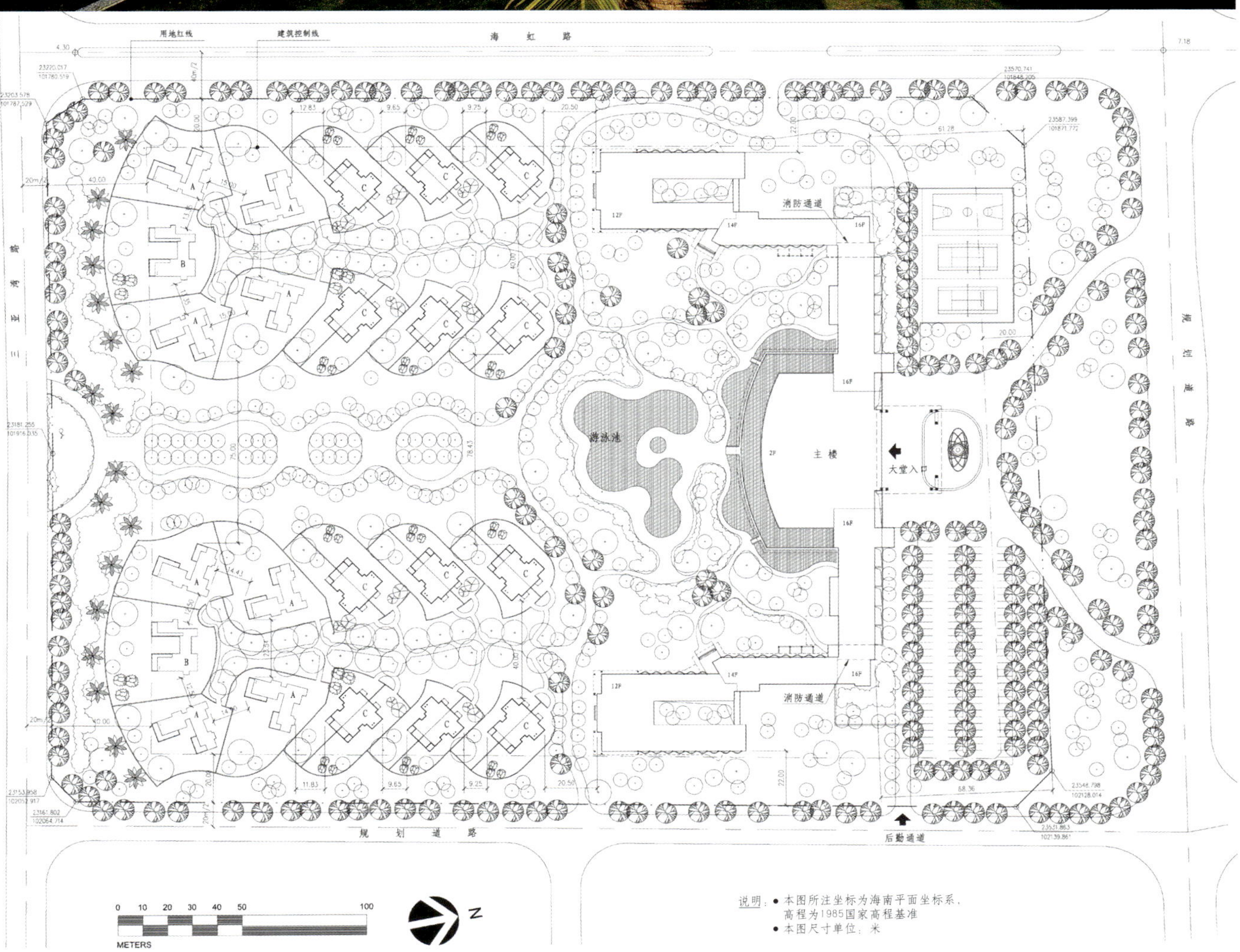
用地红线
建筑控制线
海虹路
消防通道
游泳池
主楼
大堂入口
规划道路
后勤通道
0 10 20 30 40 50 100
METERS
说明：● 本图所注坐标为海南平面坐标系，
高程为1985国家高程基准
● 本图尺寸单位：米

总平面图

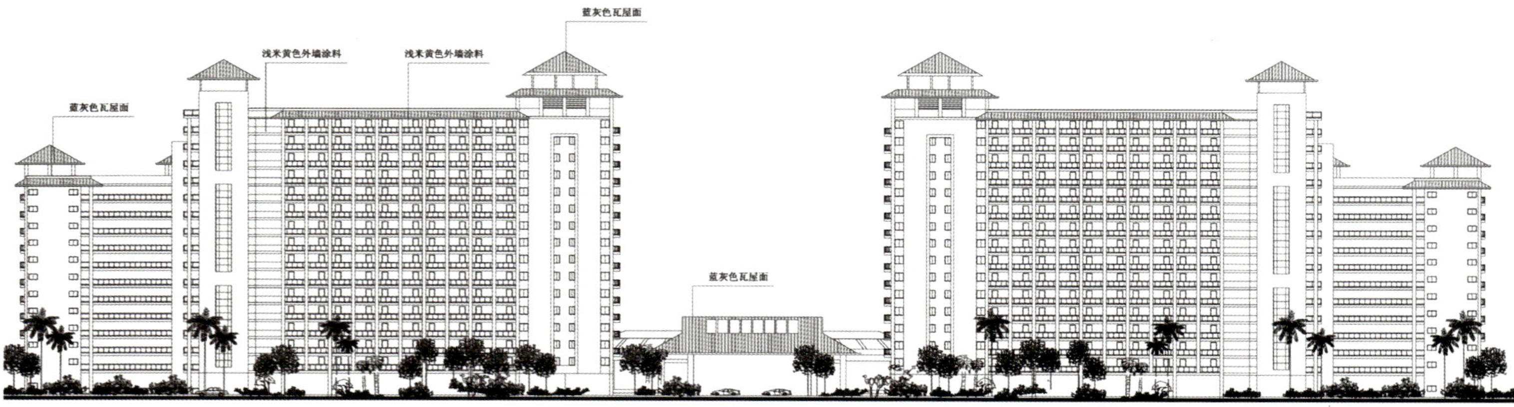

北立面图

北立面实景图

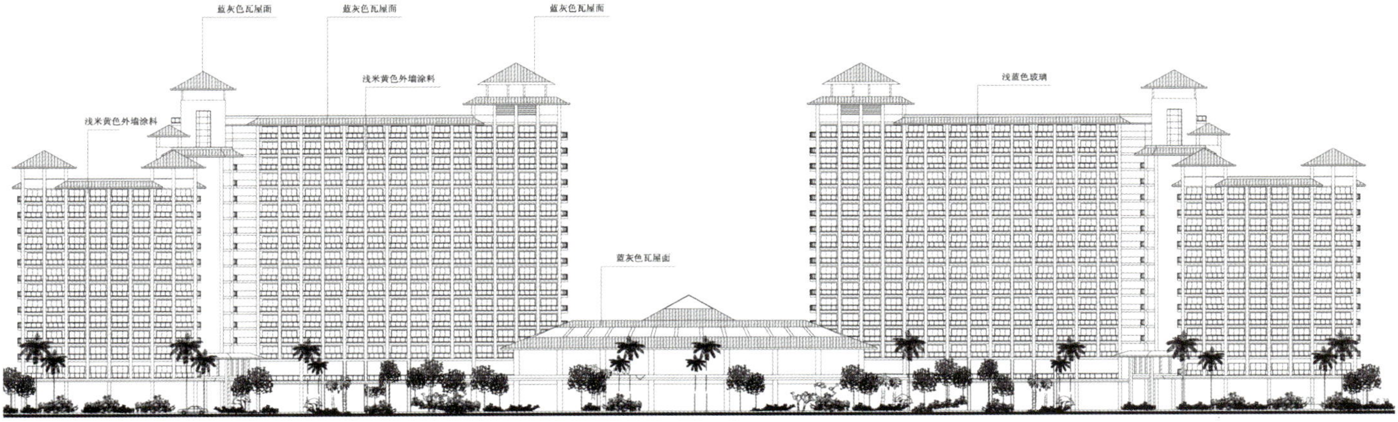

南立面图

南立面实景图

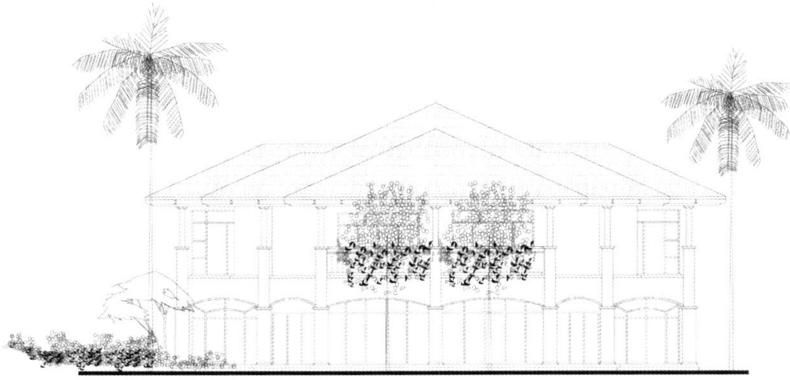

别墅南立面图

别墅入口立面图

别墅侧立面图

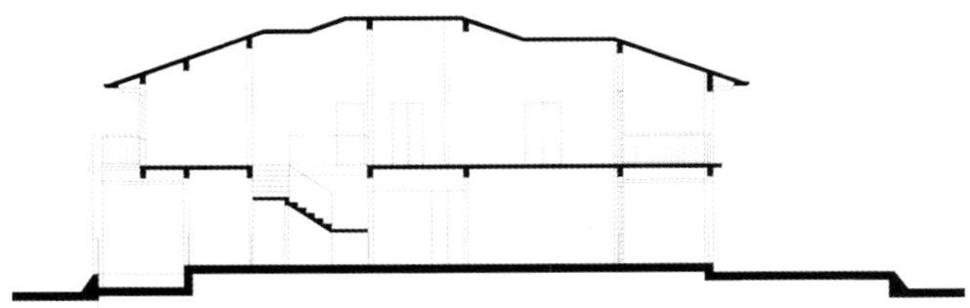

C型别墅1—1剖面图

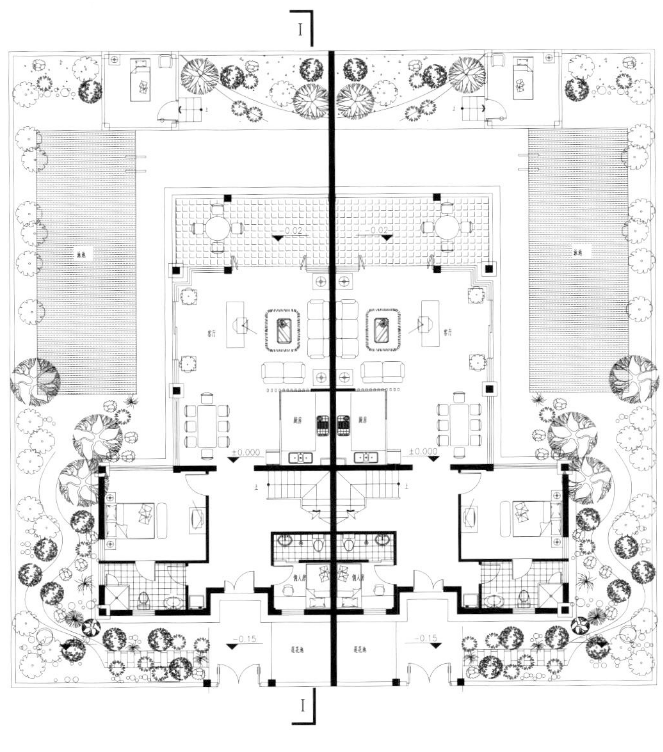

C型别墅一层平面图

Swimming Pool Rules

國香閣
KWOK HEUNG KOK

Hspa

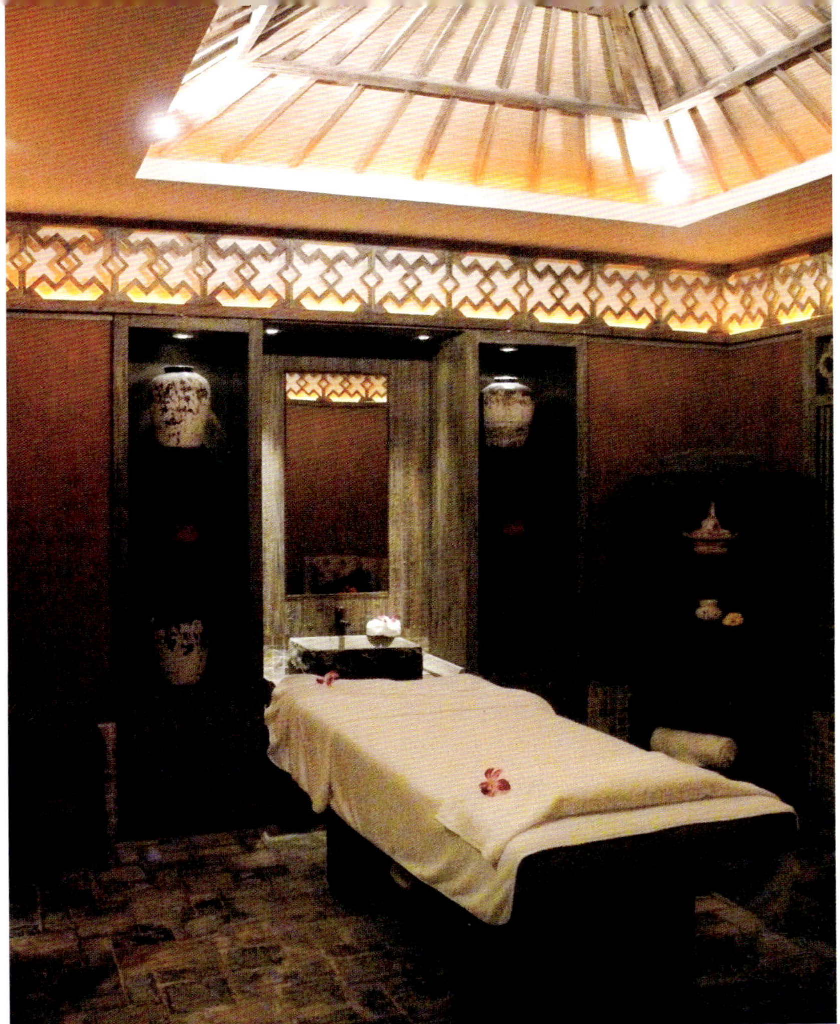

MISS WORLD

Horizon Resort & Spa

天域度假酒店

Located in Hainan Island, China's largest tropical island, Horizon Resort & Spa sits in the center of the Yalong Bay of Sanya, which is known as the "No.1 Bay in the World". With advantaged geographical location, it offers you the unique opportunity to enjoy the 9km long silver beach, the blue sea and sky during your vacation here. You'll have unparalleled experience when you enjoy a pleasant sunbath under the bright sun, or count stars at night with your beloved.

天域度假酒店坐落在中国最美丽的热带海湾——三亚亚龙湾国家旅游度假区内，是亚龙湾最早一批引进国际经验的五星级度假酒店之一，拥有广阔的私家海滩、美国名家设计的夏威夷式建筑、面积超大的面海园林，一向以天人合一、自然温馨的风格备受称誉。

Economic and Technical Indicators:

Total site area: 57900㎡
Total floor space: 49200㎡
Capacity rate: 0.85
Vegetation rate: 50%
Building density: 24%
The number of rooms: 396
Parking space: 130

主要经济技术指标：

总用地面积：57900㎡
总建筑面积： 49200㎡
容积率：0.85
绿化率：50%
建筑密度：24%
客房总数：396间
停车位：130个

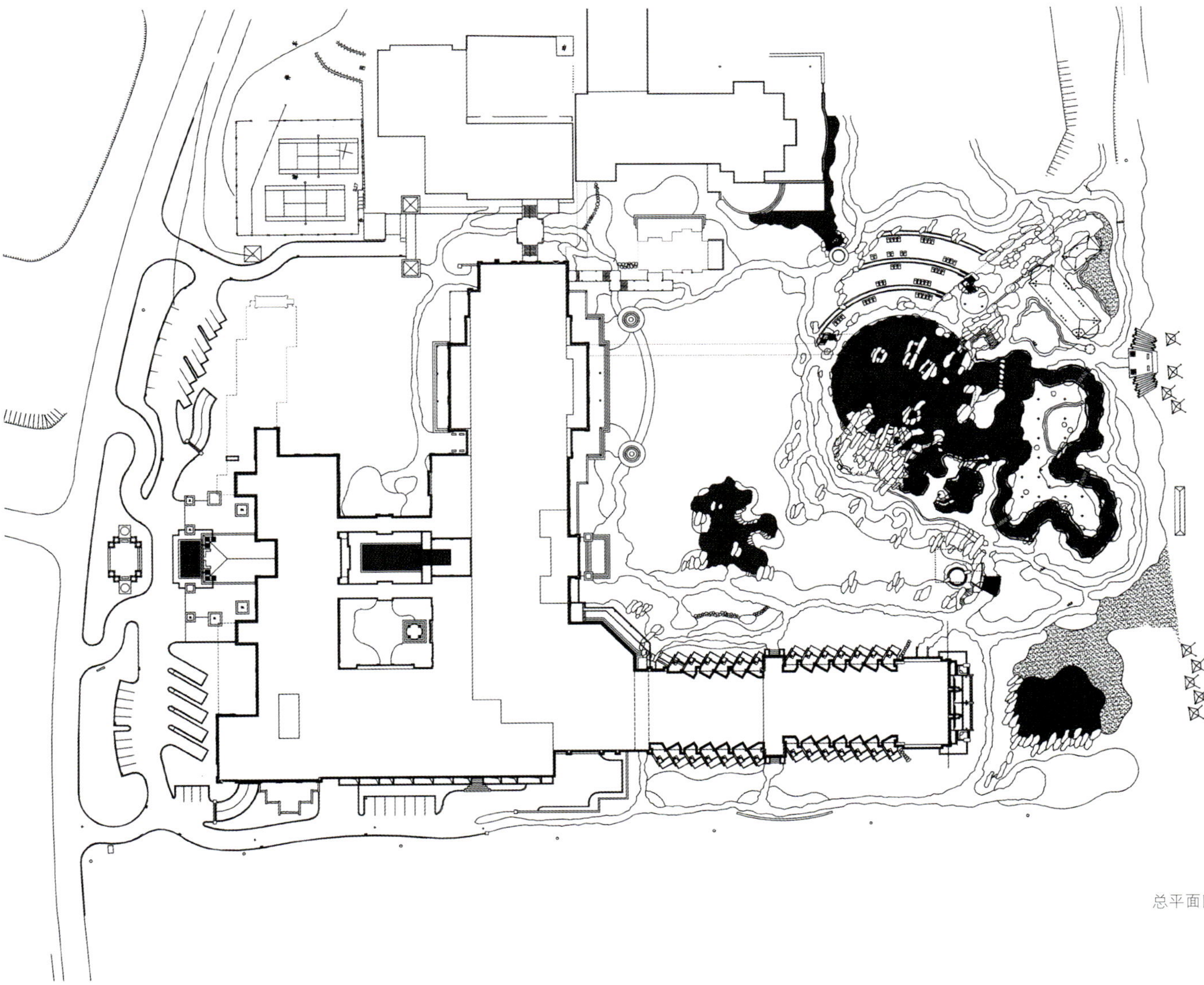

总平面图

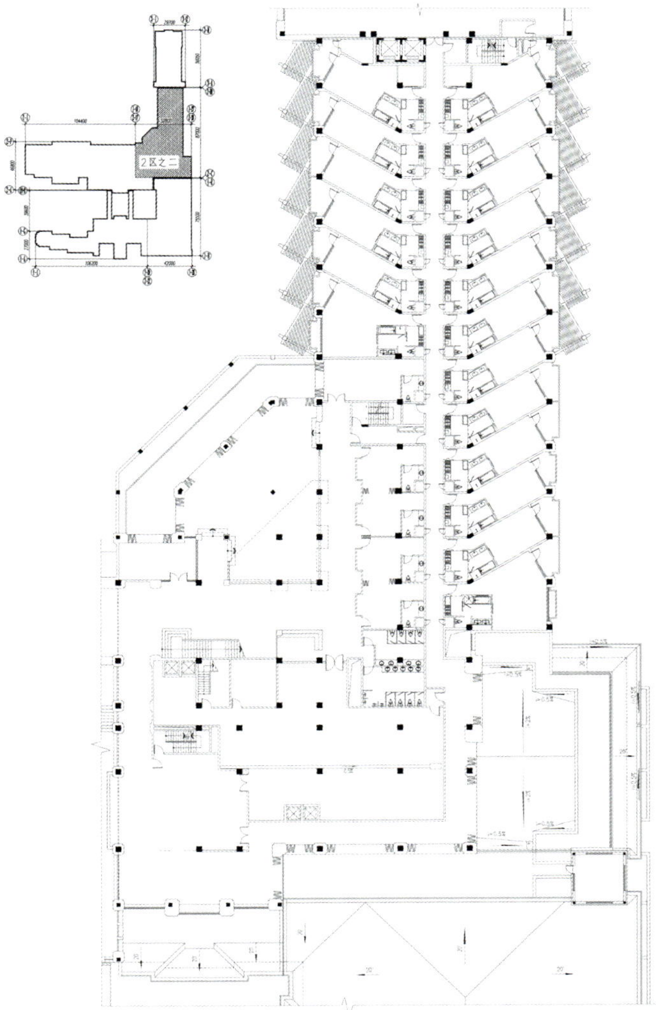

二区一层平面图之二

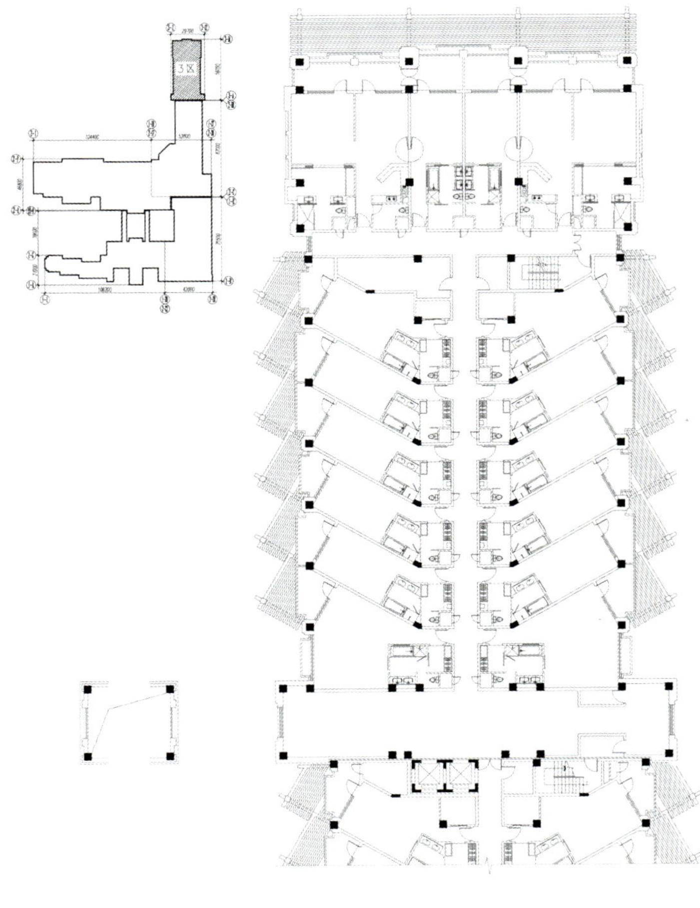

三区一层平面图

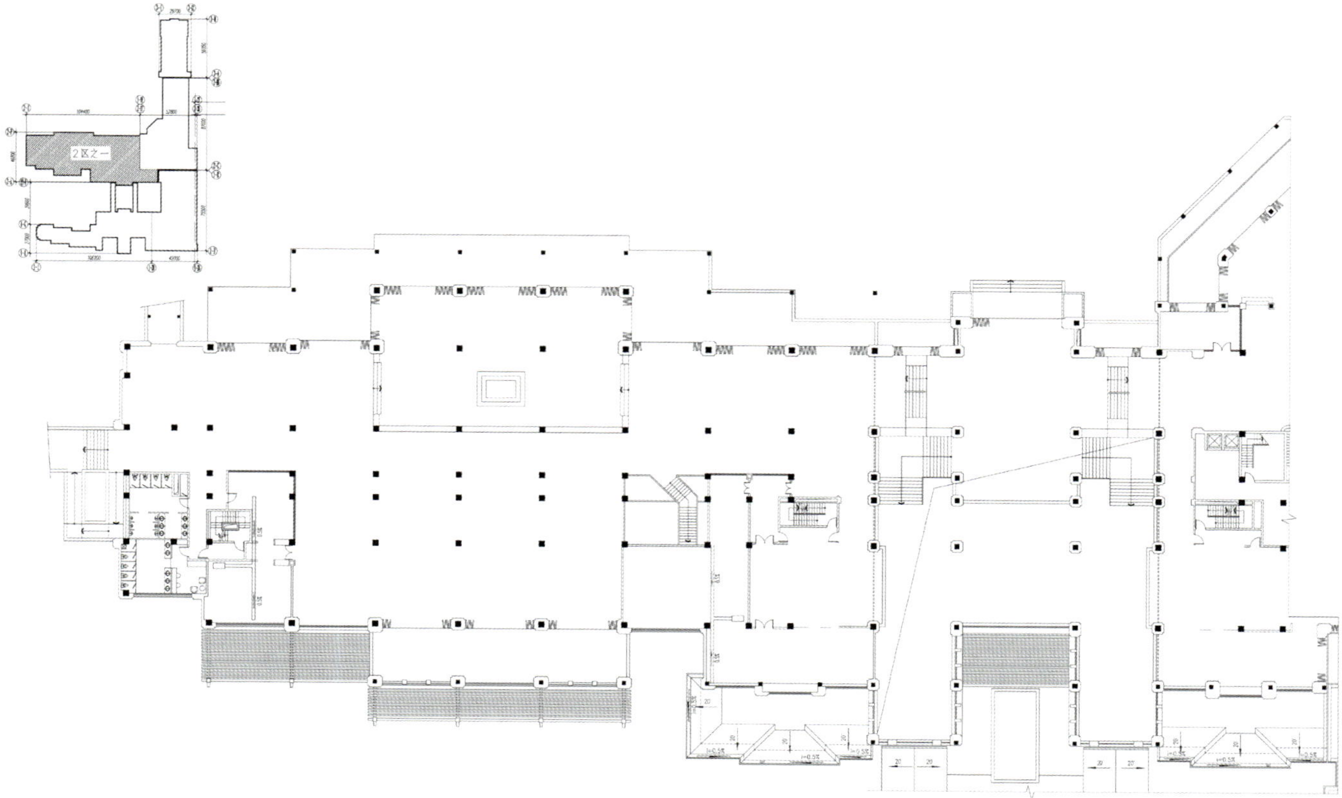

二区一层平面图之一

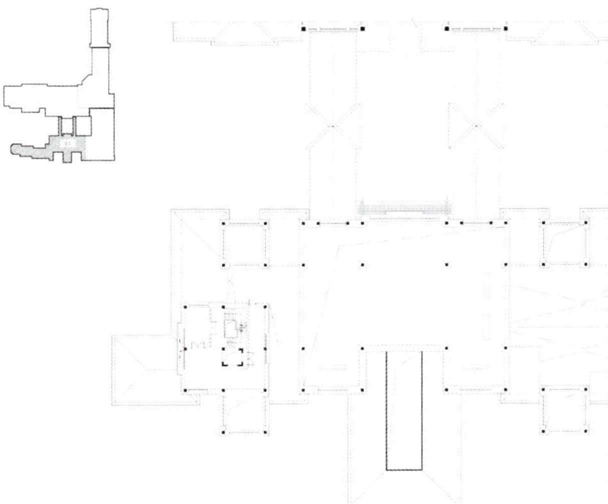

一区一层平面图

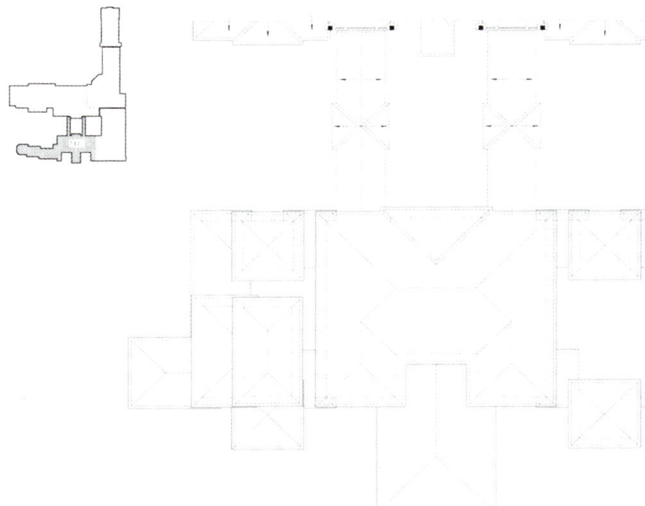

一区屋顶平面图

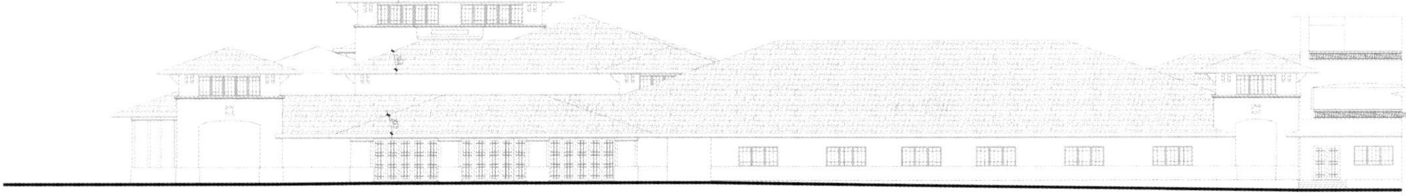

一区立面图之一

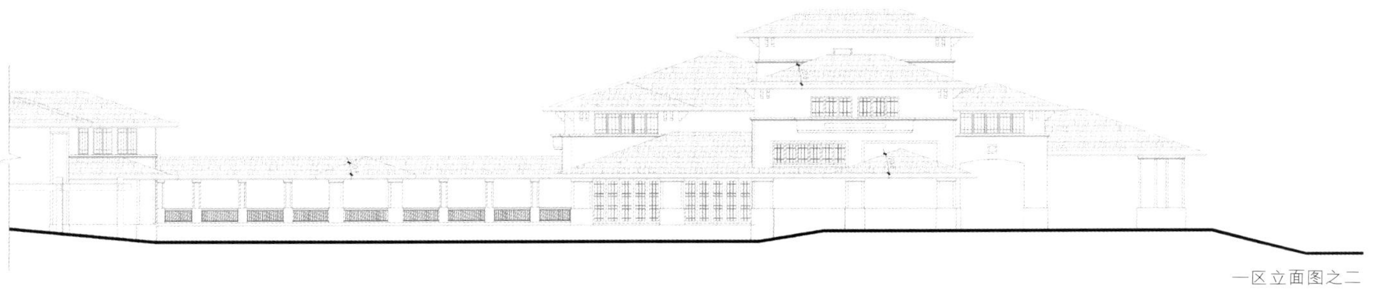

一区立面图之二

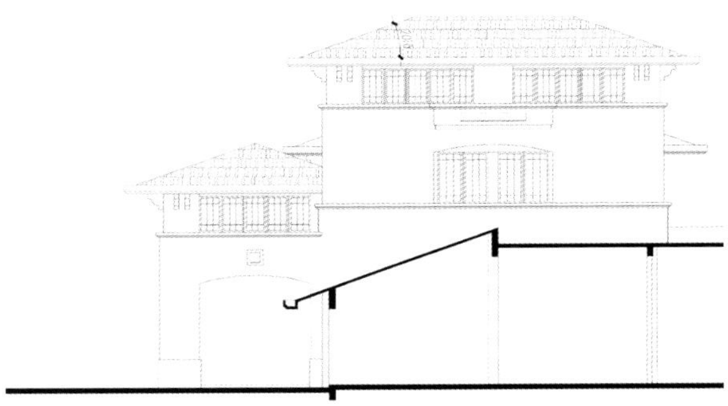

一区剖面图之一

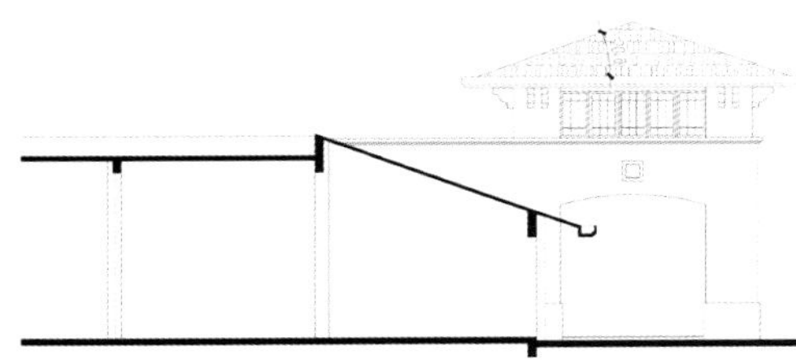

一区剖面图之二

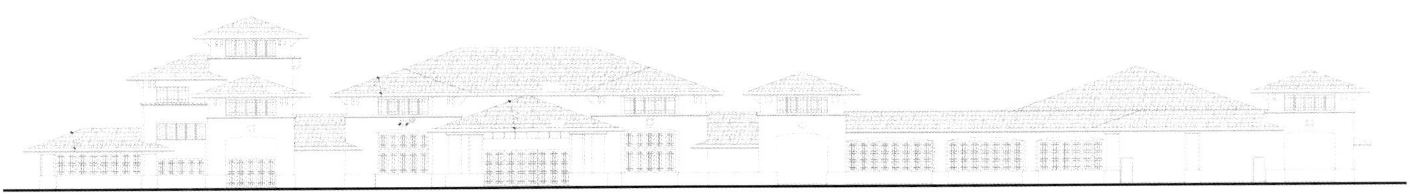

一区立面图之三

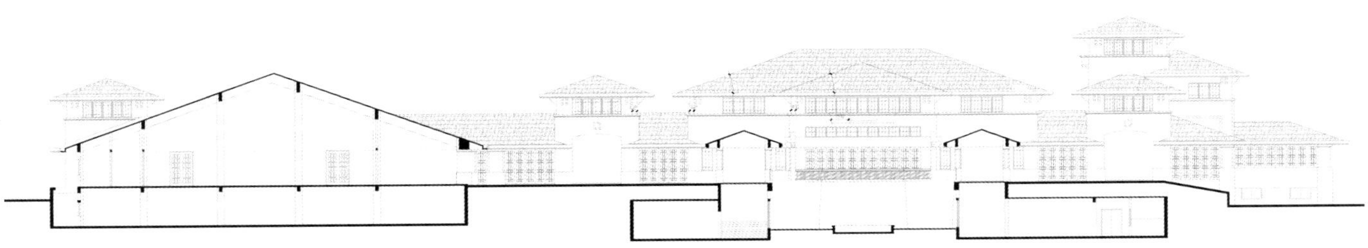

一区剖面图之三

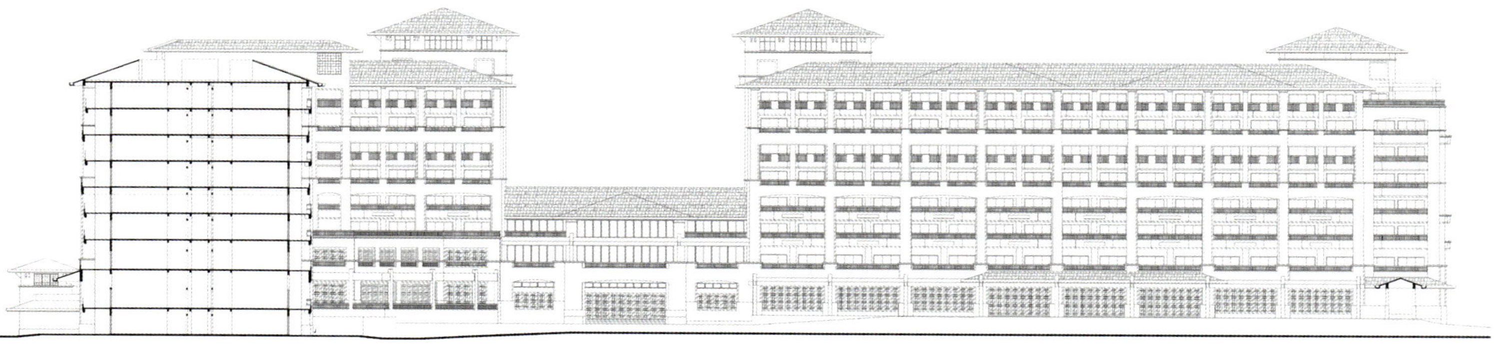

二区G—G剖面图

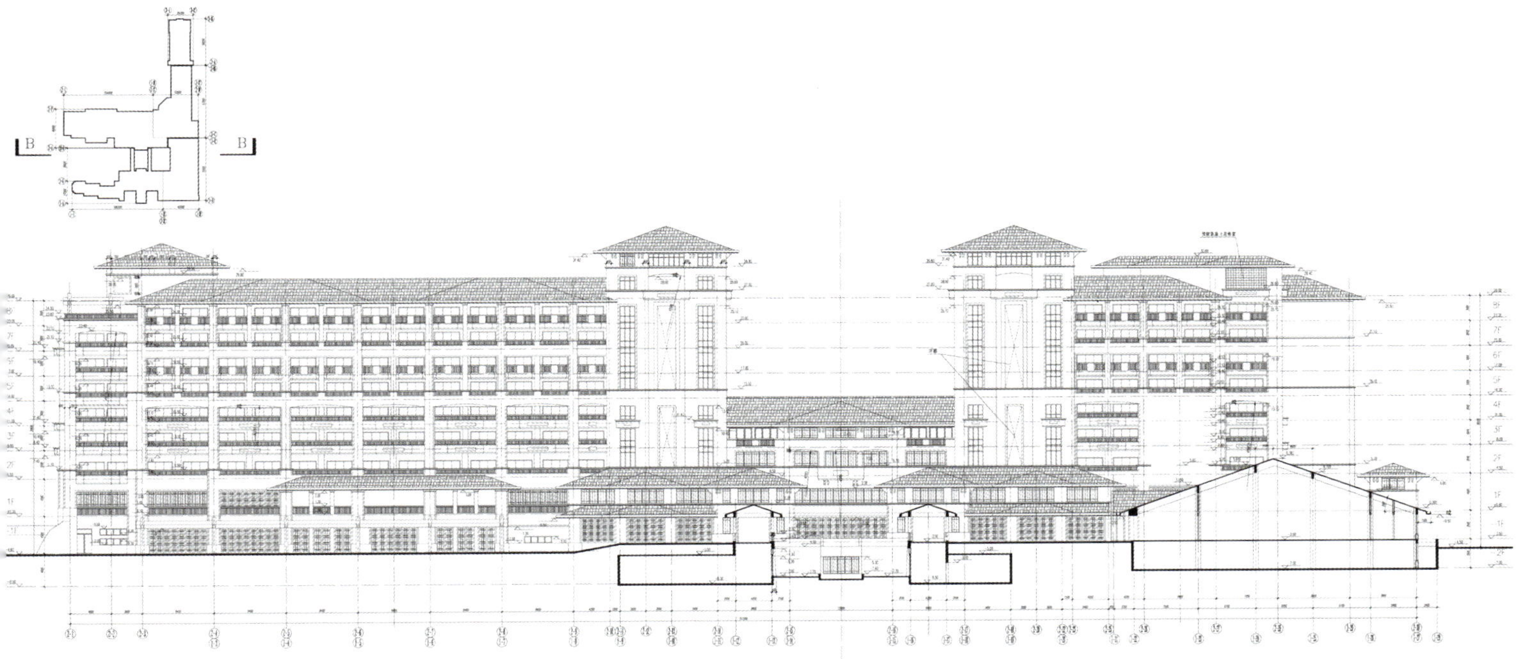

二区B—B剖面图

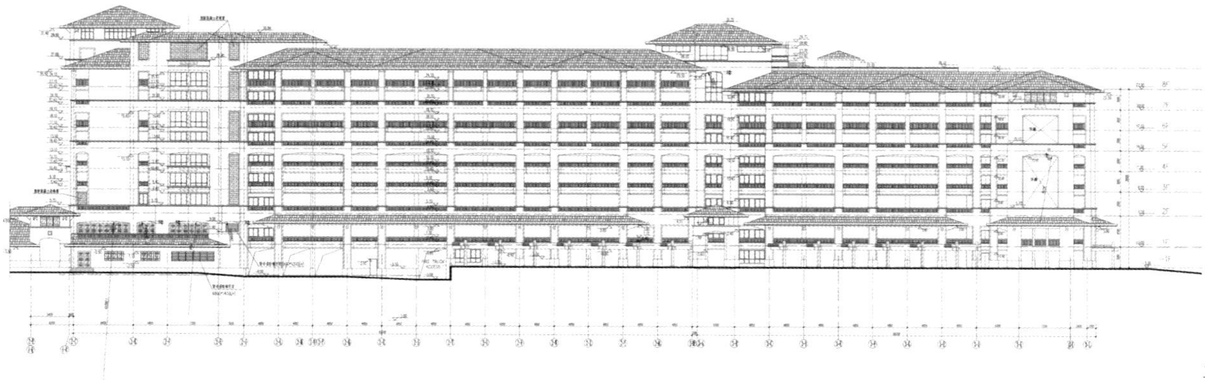

二、三区立面图

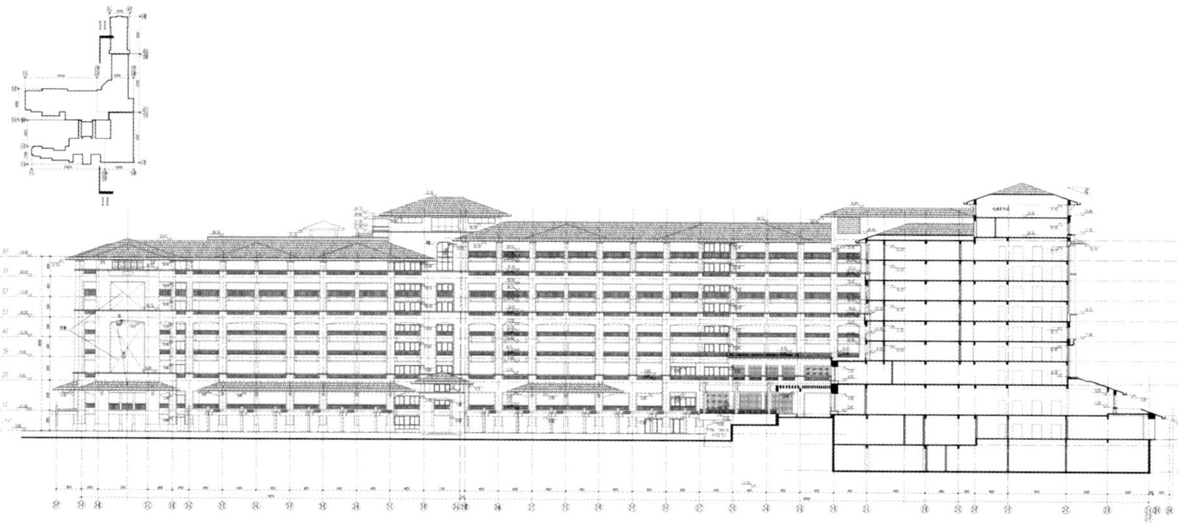

二、三区剖面图之一

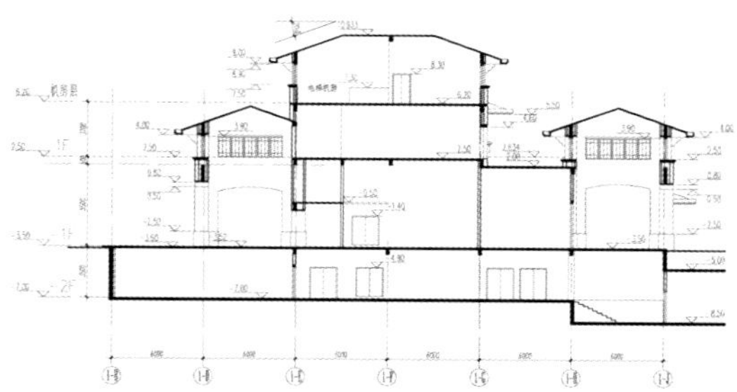

二、三区剖面图之二

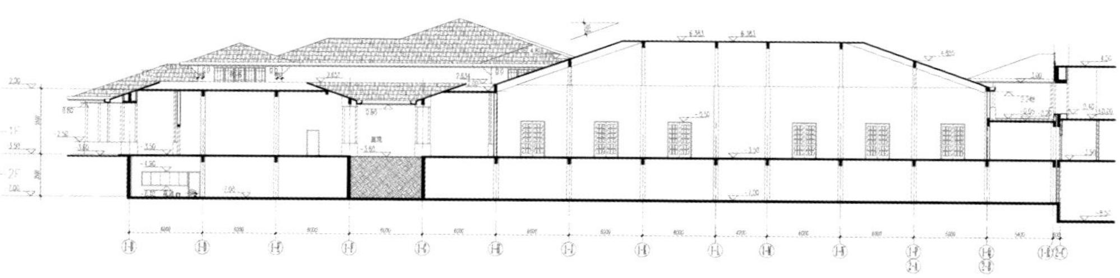

二、三区剖面图之三

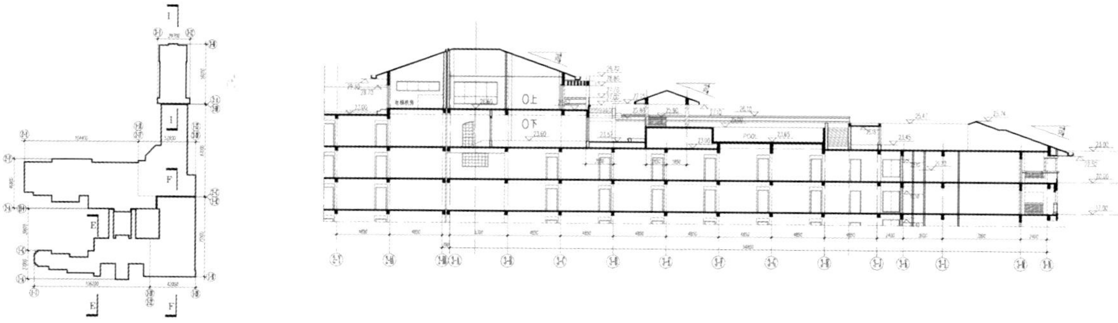

三区剖面图

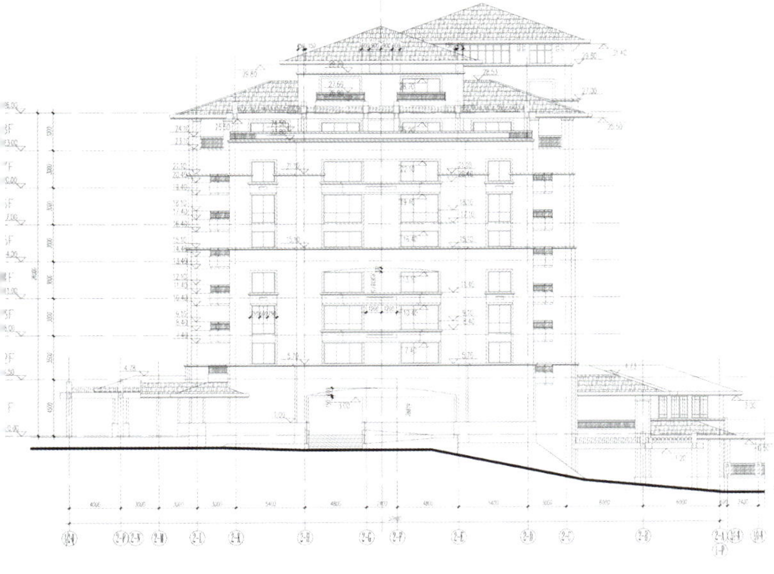

二、三区立面图之一

二、三区立面图之二

CAUTION
WET FLOOR
小心地滑

天地玄黄 宇宙洪荒
千字文
果珍李柰 菜重芥姜
海咸河淡 鳞潜羽翔

后记
POSTSCRIPT

刘光亚
2009年8月8日
于北京

终于最后一次校稿，将这本耗时半年多的书拿在手里，沉甸甸的感觉不禁让人回忆起编书过程的点滴。有时候做一件事很偶然，在近乎无意、无策之中就决定了要做什么，这套丛书的编辑与出版大概就属于此类状况。一年前在三亚的某次会议期间，我与朱莉及曾在中国建筑学会工作的北京邻居张一平即兴聊起海南建省20周年和即将到来的建国60周年，作为同龄人大家十分感慨，我们都经历着中国改革开放30年所带来的蓬勃发展和繁荣兴旺，身处于时代的巨大变迁中。谈到三亚的城市建设与发展时，大家不约而同地、兴奋地想要为之做点什么，纵使时间紧迫、任务密集，我们还是想抽出时间编撰这套丛书。当最初的意图慢慢实现和偶然的计划初见端倪时，我们开始感到欣慰。我想，说是一种冲动也不尽然，缘起当是大家都十分了解三亚，热爱三亚，都有为三亚做些什么的情怀吧！也因此，大家一拍即合，齐心合力，终成此果——“三亚酒店”应运而生！

世界在变，中国在变，三亚在变……看着书中一张张从数以万计的图纸、照片中挑选出来的图片，一次次用心修改、精心排版组合成的华美画页，思绪再一次被拉回往昔，心中感慨万千：三亚，你的确变了。1993年4月8日，我第一次来到三亚——这个位于中国最南端的、尚未闻名的滨海小城。从一踏上亚龙湾的那一刻起，我就被她原生态的自然美景深深打动和吸引着……那时的三亚除大东海广场附近的南中国大酒店外，整个城市几乎没有四星级以上的度假酒店，她完全不同于我之后去过的世界上任何其他滨海旅游度假胜地，亚龙湾等海岸线当时完全是一片处女地。洁白无瑕的白色沙滩，清澈见底、五彩斑斓的海水，明媚的阳光伴着和煦的海风，自然生长的高大椰子树，以及沙滩上依稀可见的仙人掌和绿色爬藤植物，还有几乎和沙子一样颜色的、小得不能再小的海螃蟹和小贝壳……一切是那么真实、纯洁、自然与恬静，让人痴迷，让人陶醉而流连忘返。我知道那时的我已真切的爱上了她——美丽动人的三亚，充满神秘自然美和生命力的纯情少女。如今，三亚你长大了，你已经不仅仅是海南岛的三亚，更是13亿中国人的三亚，是世界的三亚。时至今日，往返于三亚已不下百次，目睹她一点点的发展，见证了她的成熟与变迁。

这本书是“三亚酒店”系列丛书的第一本，内容主要从图纸和大量实景照片两方面直观的反映三亚酒店建筑的真实风貌。书中的酒店各有特色，风格迥异，特别是融入在三亚这块中国唯一热带城市的独特自然环境之中，彰显出与中国其他滨海旅游度假酒店不同的魅力。三亚，作为国际旅游度假胜地，本书重在真实地记录和展现其在城市建设成就中的最重要的部分——酒店，书中没有来自设计师的自述或者专家的评述，期待给读者最直接有效和真实有用的回报。

我们花了很长时间在书的取材方面，聘请专业的摄影师赴三亚拍摄，并与酒店反复协商，力求能从最好的角度拍摄酒店的建筑、室内、园林，希望通过照片综合、真实的反映三亚酒店特色。我们反复向三亚规划局咨询，收集当年报批的图纸、原始资料；找建筑设计单位了解情况，获得基本经济指标。之后，我们一遍遍排版、校对、修改、再排版，为的是让读者获得犹如身临其境的照片，最准确的信息，最赏心悦目的版式，最有品质的书籍。虽然这个过程繁复、漫长和艰难，但我们深感值得。这里，特别感谢的是三亚市委、市人民政府、市规划局、市旅游局以及书中各酒店单位的大力支持和积极配合，他们无私的帮助对此次编书工作的圆满完成是至关重要的。

谈到这本书的对应读者，我想应该适合：一、滨海旅游度假城市的主管领导和城市建设主管部门；二、开发商和建设单位；三、大学教师和学生；四、从事酒店设计的建筑师、室内设计师、园林设计师，以及学术理论研究者；五、想去三亚的旅游度假者。当然，也适合城际和国际间的交流与观摩。书中大量翔实的照片和图纸，除能够给读者最直观的感受和启示之外，也是三亚城市建设与发展成就最真实的记载和反映。

作为规划师和建筑师，用厚重的书本记录历史，我想应是另外一种对三亚城市热爱的直接表达与作为。我们努力了，我们终于有了一些欣慰和一份踏实。

在祖国60华诞来临之际，仅以此书献给所有热爱三亚的人，她是我们共同的财富，共同的宝贝。